移動床流れの水理学

関根 正人 著

共立出版

序 −本書の内容と構成−

　水は連続体であり剛体のように形を持たない．そのため，水がある場所に存在するためにはその周囲を固体の面で取り囲んでおく必要がある．水をとり囲む全周が固体壁面で囲まれている場合の流れを「管路流れ」と呼ぶ．これに対して，その一部が大気に接するように自由水面を持つ流れを「開水路流れ」と呼ぶ．前者の流れは，管内の圧力差によって引き起こされ，水圧の高いほうから低いほうへと流れる．一方，後者の流れは水位（水面高）の差によって生じ，水位の高いほうから低いほうへ流れる．このような水の流れを科学し，その知識を工学的に活用していくための基礎となっているのが「水理学」であることは言うまでもない．いま，水を取り巻く壁面が水の流れによって変位したり移動したりすることがない場合と，移動することが本質である場合とに分けると，「水理学」が対象としている流れは主に前者であり，これを**固定床流れ**と呼ぶ．これに対して，実河川のようにこの固体壁面が土砂で構成されている場合には，水の流れによってこの土砂が移動し，この壁面が浸食を受けたり，壁面上に堆積が生じたりすることになるため，結果としてこの固体壁面である地形そのものが変位を起こすことになる．このような後者の流れを**移動床流れ**と呼ぶ．本書は，このような移動床流れを対象としており，「移動床水理学」あるいは「土砂水理学」に関わる基礎的な知識を整理し，これをできるだけわかりやすく解説することを目的としている．

　本書は次のような三部構成となっている．

- 第1章から第4章では，水流の流れを取り扱う．具体的には，流れの支配方程式についてその誘導過程から丁寧に説明するとともに，流れの乱流構造を含む基礎的な知識をとりまとめて解説してある．
- 第5章から第9章では，移動床水理学の根幹をなす「流砂」について解説する．ここでは，土砂の粒径や流体力についての説明から始めて，掃流砂や浮遊砂といった土砂移動についての考え方やその定量的な評価法について説明する．粘着性土の浸食過程については現時点でも未

知の部分が少なくないが，これについての最近の知見をまとめて第9章とする．

- 第10章から第13章は，地形変動予測と河道の自律形成機能に関する説明を述べた部分である．ここでは，まず，自然河道が本来持っている地形学的な特徴やその変動のパターンについて紹介する．次に，このような地形変動を合理的に予測する手法について解説する．最後に，河道内に繁茂する植生がこの変動に与える影響を明らかにした上で，植生も含む河道システムが洪水などの外的なインパクトに対して自律的にどのように応答するかについても説明してある．

このように，洪水時に河道変化がどのように生じるのかを予測したり，平水時に望ましい河川環境をいかに再生あるいは創造することを考える上で，本書にまとめられた知識は有益な情報となると考える．

また，近年のコンピュータの性能の飛躍的な向上と，計算技術の進歩とから，実河川の地形変動を数値的に再現することが比較的容易になってきている．そこで，本書をまとめるに当たって学部教育課程で学ぶ「水理学」における基礎理論と，実際の河川で起こっている現象の解明やその数値予測とを結ぶ橋渡し役となるよう心がけた．そのため，近年進められている数値解析の例を紹介したり，予測手法についても紙面を割いて解説することにした．

最後に，本書の執筆にかかわる以下の点についてふれておきたい．本書は，著者が学部ならびに大学院の講義のためにまとめてきたノートを基に，それを再構成・拡充することでまとめ上げたものである．その過程で，著者にはどうしても納得できないことや疑問な点についてはその旨を率直に記したほか，同じような内容の成果であれば著者自らの結果を使って解説することにした．これは，曖昧さをできるだけなくして自信を持って説明したいとの思いからであり，自らの成果を数え上げるためではない．また，基本的には学部学生にも理解できるように留意してまとめたが，大学院学生や若手研究者・技術者にとっても価値あるものとなるように考え，必要に応じて高度な内容のものも盛り込んである．本書の使い方はいろいろと考えられるが，著者は，学部3年生に全体の中の骨格に当たる部分を，大学院修士課程1年生にその

残りの部分を講義することとして，修士課程終了時点で本書の内容のすべてにふれるようにしている．また，若手実務者を対象とした公的な研修の講師を努めてきた経験から，実務に携わる若手技術者が独習することも念頭においてまとめてある．

　本書が一人でも多くの学生・研究者・技術者の助けとなればというのが著者の願いである．

　本書のとりまとめに当たり，改めて以下の方々に感謝申し上げたい．まず恩師である吉川秀夫先生には卒業研究から学位論文のとりまとめを経て今日に至るまで，言葉で言い表せないほど多くのご指導を賜りました．心より感謝申し上げます．Gary Parker 先生には著者が Postdoctral Research Fellow として米国滞在中の3年間にわたり，ご指導を戴きました．Parker 先生とは10歳ほどの年齢差であったことから，数々の研究テーマをご紹介戴いたほか研究の進め方，研究者としての姿勢，学生指導の方法など多くのものを学ばせて戴きました．また，江頭進治先生，宮本邦明先生には共同研究，研究会などを通じてご指導を賜り，その後の一つひとつの研究を進める上でリアルタイムのアドバイスを戴いてきております．これらの方々との触れ合いなくして今の自分はありませんし，本書をまとめることもなかったと思います．ここに謝意を表します．また，本書の出版に際して共立出版株式会社松永智仁氏にお世話になりました．その親身な対応に御礼申し上げます．

平成16年12月

関根 正人

目次

第1章 水流の支配方程式

1.1 概説 *1*
1.2 運動方程式 *2*
1.3 浅水流方程式 *5*
 1.3.1 数学的基礎 — Leibnitz' Rule(ライプニッツの法則) と Kinematic boundary condition(運動学的境界条件) — *5*
 1.3.2 基礎方程式の水深方向積分 *6*
 1.3.3 拡散項の付加 *9*
1.4 一般化された Bernoulli(ベルヌーイ) の方程式 *10*
1.5 支配方程式の近似解法 *11*
 1.5.1 方程式の簡略化・無次元化 *11*
 1.5.2 摂動展開法の考え方 *13*
 1.5.3 横断方向流速分布 *14*
1.6 Kinematic wave 近似 *16*

第2章 不等流計算法

2.1 概説 *21*
2.2 一次元解析の基礎方程式 *22*
2.3 不等流計算法 *25*

第3章 平面二次元流れの解析

- 3.1 概説 31
- 3.2 二次流 32
- 3.3 曲線座標系における流れの基礎方程式 32
- 3.4 蛇行河川における流れ場の特徴 36
- 3.5 浅水流方程式の問題 40

第4章 開水路流れの乱流構造

- 4.1 概説 49
- 4.2 底面せん断力の評価方法 50
  - 4.2.1 レイノルズ応力とせん断力分布 50
  - 4.2.2 抵抗則―数値解析における底面せん断力の評価法― . 51
- 4.3 乱れの統計的性質 53
  - 4.3.1 開水路流れの内部構造 53
  - 4.3.2 時間平均流速の鉛直方向分布 55
  - 4.3.3 乱れ強度 58
  - 4.3.4 乱流拡散係数 59
  - 4.3.5 組織的な渦運動 60

第5章 河床構成材料の性質

- 5.1 概説 63
- 5.2 粒径・比重・安息角 63
- 5.3 土砂の沈降特性 66
  - 5.3.1 流体力 66
  - 5.3.2 土砂の運動方程式 70
  - 5.3.3 粒子の沈降速度 72

第 6 章　限界掃流力

- 6.1　概説 79
- 6.2　均一粒径河床上の限界掃流力 81
- 6.3　混合粒径河床における限界掃流力 90

第 7 章　流砂過程と掃流砂量関数

- 7.1　概説 95
- 7.2　掃流砂の運動の素過程 99
- 7.3　縦断方向掃流砂量 103
- 7.4　横断方向掃流砂量 107
- 7.5　混合粒径砂礫からなる河床における掃流砂量 112

第 8 章　物質の乱流拡散と浮遊砂理論

- 8.1　概説 115
- 8.2　物質の移流拡散方程式 117
- 8.3　浮遊砂 120
  - 8.3.1　浮遊砂の拡散方程式 120
  - 8.3.2　鉛直一次元平衡浮遊砂濃度分布 121
  - 8.3.3　基準点濃度 124
  - 8.3.4　浮遊砂量 126
  - 8.3.5　水深平均化された浮遊砂濃度の解析 127
  - 8.3.6　混合粒径からなる河床上の浮遊砂現象 129

第 9 章　粘着性材料の浸食過程

- 9.1　概説 135
- 9.2　粘着性土の浸食特性 137
- 9.3　浸食速度予測式 142
- 9.4　粘着性土に関わるその他の移動床問題 143

第10章　河川地形とその形成

10.1 概説 *145*
10.2 河川の縦断形状 *145*
10.3 河道の平面形状 *147*
10.4 小規模・中規模河床形態 *149*

第11章　地形変動とその予測

11.1 概論 *153*
11.2 水流による地表面変動解析の基礎 *155*
　　 11.2.1 掃流砂による河床変動 *155*
　　 11.2.2 浮遊砂による河床変動 *158*
　　 11.2.3 混合粒径砂礫からなる河道の河床変動 *159*
11.3 斜面崩落による大規模地形変動解析の基礎 *163*
　　 11.3.1 河岸浸食モデル *163*
　　 11.3.2 斜面崩落モデル *165*
11.4 地形変動解析例 *168*
　　 11.4.1 ダム堆砂に関わる一次元河床変動解析 *168*
　　 11.4.2 蛇行河川における河床変動と土砂の分級 *172*
　　 11.4.3 網状流路の形成過程の解析 *177*
11.5 新たな解析手法による地形変動解析の試み *180*

第12章　植生水理学

12.1 概説 *185*
12.2 植生の流速低減効果 *187*
　　 12.2.1 低水路河岸に繁茂する非水没型植生の効果 *187*
　　 12.2.2 水没型植生の効果 *188*
12.3 植生による土砂の捕捉機能 *190*

第13章 河道の自律形成機能

- 13.1 概説 *197*
- 13.2 人工改変後の河道の応答性 *198*
- 13.3 河道の拡幅ならびに縮幅の過程 *200*
  - 13.3.1 河道拡幅過程 *200*
  - 13.3.2 河道縮幅過程 *203*
- 13.4 河道の蛇行復元の試み *205*

参考書籍 209

索　引 210

第1章

水流の支配方程式

1.1 概説

　水の流れを支配する基礎方程式は，言うまでもなく**連続式**と**運動方程式**である．このうち，運動方程式に関しては，Navier-Stokes (ナビエ・ストークス) の方程式として知られる式がすべての解析の基礎となる．この方程式を直接解いて流れを解析しようとする手法が "DNS (Direct Numerical Simulation)" と呼ばれるものであり，こうした試みもコンピュータの性能向上に伴って可能になってきている．しかし，工学的なニーズと計算負荷の大きさを考えたとき，膨大な計算時間を要するこの手法を適用することは不可能に近い．そこで，いくつかのモデル計算法が開発されている．しかし，実際に三次元解析を行うことは特別な場合を除いて稀であり，ほとんどが平面二次元解析に留めているというのが現状である．ここで，平面二次元解析とは，流れを上空から見たときに各地点の深さ方向の平均的な流れ場 (すなわち，水深や水深平均の流速ベクトル) が，どのような分布をとるかを評価するための解析をいう．これは，対象とする流れ場のほとんどにおいて，河川を上空から見た場合の流れの平面的なスケールである水路幅などに比べて水深が小さいため，流速の水深方向の分布に関する情報を無視したとしても，その深さ方向の平均値が平面的にどのように分布するかがわかれば，流れ場の本質的なところは捉えられる，との判断に基づくものである．このような，水深平均の

流速場を解析する際に依拠する支配方程式のことを**浅水流方程式**と呼ぶ．本章では，この浅水流方程式を誘導することから始める．次に，この方程式に依拠した解析例として，等流状態にある長方形断面水路内の流速の横断方向分布について考察する．ここでは，方程式の近似解法のうち水工学上適用されることの多い**摂動展開法**と，これを用いた解析例についても紹介する．

1.2 運動方程式

　流れを解析する際に必要となる支配方程式は**連続式**と**運動方程式**である．ここでは，まず運動方程式について取り上げる．

　いま，x, y, z の各方向への流速成分を u, v, w とする．このとき，運動方程式の基本となるナビエ・ストークスの式は以下のようになる．ここでは，x 方向への式のみを示す．

$$\frac{\partial u}{\partial t} + u\frac{\partial u}{\partial x} + v\frac{\partial u}{\partial y} + w\frac{\partial u}{\partial z}$$
$$= X - \frac{1}{\rho}\frac{\partial p}{\partial x} + \frac{\partial}{\partial x}\left(\nu\frac{\partial u}{\partial x}\right) + \frac{\partial}{\partial y}\left(\nu\frac{\partial u}{\partial y}\right) + \frac{\partial}{\partial z}\left(\nu\frac{\partial u}{\partial z}\right) \quad (1.1)$$

ここに，p は圧力，X は外力加速度，ν は動粘性係数，ρ は水の密度である．

　粘性が卓越するような流れを取り扱う場合には，この方程式を直接解くことで流体運動の挙動を理解することができる．ただし，本書で説明しようとしている河川の流れについていえば，そのほとんどが「乱流」であり，必ずしも粘性が卓越するような流れではない．この場合にナビエ・ストークスの式を直接解こうとするならば，その時間スケールは流れの中で生成・発達・消滅する「渦」の寿命時間よりもはるかに小さなものとしなければならない．たとえば近年になって，コンピュータの高速化を背景に，こうした直接解法によるシミュレーションが試みられるようにはなってきている．しかし，現状では未だ実用の段階に移すほど高速とは言い難い．そこで，次のように Reynolds (レイノルズ) 方程式の形に書き換えてこれを解くというのが一般的である．すなわち，各瞬間の流速を時間平均値とそれからの偏差とに分離し，

$$u = \bar{u} + u', \quad v = \bar{v} + v', \quad w = \bar{w} + w' \quad (1.2)$$

と定義した上でこれを式 (1.1) に代入し，各項ごとに時間平均化操作を施す．その際に連続式

$$\frac{\partial u}{\partial x} + \frac{\partial v}{\partial y} + \frac{\partial w}{\partial z} = 0$$

に基づき，左辺の移流項を次のように書き換えておく．

$$u\frac{\partial u}{\partial x} + v\frac{\partial u}{\partial y} + w\frac{\partial u}{\partial z} = \frac{\partial u^2}{\partial x} + \frac{\partial uv}{\partial y} + \frac{\partial uw}{\partial z}$$

平均化操作の結果として導かれる式は，以下のとおりである．

$$\frac{\partial u}{\partial t} + \frac{\partial \bar{u}^2}{\partial x} + \frac{\partial \bar{u}\bar{v}}{\partial y} + \frac{\partial \bar{u}\bar{w}}{\partial z} + \frac{\partial \overline{u'u'}}{\partial x} + \frac{\partial \overline{u'v'}}{\partial y} + \frac{\partial \overline{u'w'}}{\partial z}$$
$$= X - \frac{1}{\rho}\frac{\partial \bar{p}}{\partial x} + \frac{\partial}{\partial x}\left(\nu\frac{\partial \bar{u}}{\partial x}\right) + \frac{\partial}{\partial y}\left(\nu\frac{\partial \bar{u}}{\partial y}\right) + \frac{\partial}{\partial z}\left(\nu\frac{\partial \bar{u}}{\partial z}\right) \quad (1.3)$$

これが式 (1.1) に対応するレイノルズ方程式である．

レイノルズの式に基づく解析は，瞬間的な渦の挙動に伴う流速変動を捉えるのではなく，これを時間平均値の中に押し込んで，比較的大きな時間スケールにわたって平均化された流速特性を理解しようとするするものである．ただし，ここで障害となるのが $\overline{u'v'}$ に代表されるような時間変動成分の相関にかかわる項であり，これらは，一般に Reynolds stress(レイノルズ応力) と呼ばれる．これらの項の評価を厳密に行うことは難しく，一般には次のような近似を採用する．すなわち,

$$\begin{aligned}
-\overline{u'u'} &= \nu_t \left(\frac{\partial \bar{u}}{\partial x} + \frac{\partial \bar{u}}{\partial x}\right) \\
-\overline{u'v'} &= \nu_t \left(\frac{\partial \bar{u}}{\partial y} + \frac{\partial \bar{v}}{\partial x}\right) \\
-\overline{u'w'} &= \nu_t \left(\frac{\partial \bar{u}}{\partial z} + \frac{\partial \bar{w}}{\partial x}\right)
\end{aligned} \quad (1.4)$$

ここに，ν_t は乱流拡散係数と呼ばれている．このような定式化は未知の要因をすべて乱流拡散係数に持たせることで成り立っており，この近似を用いるということはこの係数の評価法こそが難しいことを意味する．そこで，近年 $k-\epsilon$ モデル，代数応力モデルなどの乱流モデルが開発されてきている．しか

し，これらのモデルを導入することは数値解析の負荷を増大させる結果となることなどから，一般にはより簡便な定式化をすることが多い．すなわち，

$$\nu_t = \alpha\, u^\star\, h \tag{1.5}$$

と定義する．ここに，$u^\star$ は摩擦速度，h は水深であり，α は定数である．

式 (1.3) に式 (1.4) を代入し，整理すると次の式が導かれる．

$$\begin{aligned}
&\frac{\partial \bar{u}}{\partial t} + \frac{\partial \bar{u}^2}{\partial x} + \frac{\partial \bar{u}\bar{v}}{\partial y} + \frac{\partial \bar{u}\bar{w}}{\partial z} \\
&= X - \frac{1}{\rho}\frac{\partial \bar{p}}{\partial x} + \frac{\partial}{\partial x}\left((\nu+\nu_t)\frac{\partial \bar{u}}{\partial x}\right) \\
&\quad + \frac{\partial}{\partial y}\left((\nu+\nu_t)\frac{\partial \bar{u}}{\partial y}\right) + \frac{\partial}{\partial z}\left((\nu+\nu_t)\frac{\partial \bar{u}}{\partial z}\right)
\end{aligned} \tag{1.6}$$

ただし，この式の誘導には，式 (1.4) に基づき次の関係を用いている．

$$-\frac{\partial \overline{u'u'}}{\partial x} = \frac{\partial}{\partial x}\left(\nu_t \frac{\partial \bar{u}}{\partial x}\right) + \frac{\partial}{\partial x}\left(\nu_t \frac{\partial \bar{u}}{\partial x}\right)$$

$$-\frac{\partial \overline{u'v'}}{\partial y} = \frac{\partial}{\partial y}\left(\nu_t \frac{\partial \bar{u}}{\partial y}\right) + \frac{\partial}{\partial y}\left(\nu_t \frac{\partial \bar{v}}{\partial x}\right)$$

$$-\frac{\partial \overline{u'w'}}{\partial z} = \frac{\partial}{\partial z}\left(\nu_t \frac{\partial \bar{u}}{\partial z}\right) + \frac{\partial}{\partial z}\left(\nu_t \frac{\partial \bar{w}}{\partial x}\right)$$

さらに，連続式を用いて式 (1.6) に修正を加えると，次の式が導かれる．

$$\begin{aligned}
&\frac{\partial \bar{u}}{\partial t} + \bar{u}\frac{\partial \bar{u}}{\partial x} + \bar{v}\frac{\partial \bar{u}}{\partial y} + \bar{w}\frac{\partial \bar{u}}{\partial z} \\
&= X - \frac{1}{\rho}\frac{\partial \bar{p}}{\partial x} + \frac{\partial}{\partial x}\left((\nu+\nu_t)\frac{\partial \bar{u}}{\partial x}\right) \\
&\quad + \frac{\partial}{\partial y}\left((\nu+\nu_t)\frac{\partial \bar{u}}{\partial y}\right) + \frac{\partial}{\partial z}\left((\nu+\nu_t)\frac{\partial \bar{u}}{\partial z}\right)
\end{aligned} \tag{1.7}$$

このようにして導かれた式 (1.6) あるいは式 (1.7) を基本とすべき運動方程式の形式として，以下の説明を進める．ただし，以下の式には時間平均を表す (¯) を省略する．

1.3 浅水流方程式

　流れ場の特徴として，流路の幅に比べて水深が小さく，流速の水深方向変化よりも横断方向，あるいは縦断方向変化のほうが重要であるような場合が多い．このような場合には，式 (1.6) または式 (1.7) をそのまま解いて流れを三次元的に把握する代わりに，水深方向に平均化された流速の空間分布を理解する程度でも十分である．そのため，ここでは，式 (1.6) または式 (1.7) を水深方向に積分した後に各項を水深で除すことで，いわゆる「浅水流方程式」を誘導しておくことにする．さらにこれを利用した解析を行う上で注意すべき事項について説明する．

1.3.1 数学的基礎
―Leibnitz' Rule(ライプニッツの法則) と

Kinematic boundary condition(運動学的境界条件)―

　基礎方程式の水深方向積分を行うに当たって，以下に示す二つの数学上の関係を利用する．

　第一は，**Leibnitz' Rule(ライプニッツの法則)** と呼ばれる積分法則である．

$$\frac{d}{dx}\left(\int_{f(x)}^{g(x)} W(x,y)\,dy\right)$$
$$= \int_{f(x)}^{g(x)} \frac{\partial W}{\partial x}\,dy + W(x,g(x)) \times \frac{\partial g}{\partial x} - W(x,f(x)) \times \frac{\partial f}{\partial x} \quad (1.8)$$

ここに，W は x と y の関数であり，$f(x)$ および $g(x)$ は x に依存する積分範囲を表す．いま，水路床（または河床）高を η，水位（水面高）を $H(\equiv \eta + h)$ とすると，例えば非定常項は次のように書き表される．

$$\int_{\eta(x,y)}^{H(x,y)} \frac{\partial u}{\partial t}\,dz$$
$$= \frac{\partial}{\partial t}\left(\int_{\eta}^{H} u\,dz\right) - u(x,y,H) \times \frac{\partial H}{\partial t} + u(x,y,\eta) \times \frac{\partial \eta}{\partial t} \quad (1.9)$$

いま，水深方向平均流速 $\bar{u}$ を次式のように定義すると，

$$\int_\eta^H u\,dz = h \times \bar{u}$$

式 (1.9) は次のように書き換えられる.

$$\int_{\eta(x,y)}^{H(x,y)} \frac{\partial u}{\partial t}\,dz = \frac{\partial h\bar{u}}{\partial t} - u(x,y,H) \times \frac{\partial H}{\partial t} + u(x,y,\eta) \times \frac{\partial \eta}{\partial t} \quad (1.10)$$

第二に, 水面ならびに水路床 (または河床) における **Kinematic boundary condition** (運動学的境界条件) を適用する. すなわち, それぞれにおいて次式が成り立つ.

$$\begin{aligned}
\frac{\partial H}{\partial t} + u(x,y,H) \times \frac{\partial H}{\partial x} + v(x,y,H) \times \frac{\partial H}{\partial y} &= w(x,y,H) \\
\frac{\partial \eta}{\partial t} + u(x,y,\eta) \times \frac{\partial \eta}{\partial x} + v(x,y,\eta) \times \frac{\partial \eta}{\partial y} &= w(x,y,\eta)
\end{aligned} \quad (1.11)$$

式 (1.10) 中の $\partial H/\partial t$ および $\partial \eta/\partial t$ の項は, この式 (1.11) を利用して消去することになる. 詳細は後述する.

1.3.2 基礎方程式の水深方向積分

いま, 流れが非常に浅く, 流速の水深方向微分がその他の二方向への微分に比べて極めて大きいものと考える. ここで, 圧力が静水圧分布に従うものとすれば,

$$\bar{p} = \rho\,g\,(h - z)$$

となることから, 式 (1.6) の右辺第一項と第二項の和は,

$$X - \frac{1}{\rho}\frac{\partial \bar{p}}{\partial x} = g\,i_0 - g\,\frac{\partial h}{\partial x}$$

と書き表される. ここに, g は重力加速度, i_0 は水路床 (または河床) の x 軸方向勾配であり

$$i_0 = -\frac{\partial \eta}{\partial x}$$

となる. 以上のことを考慮して, 式 (1.6) を書き換えると次のようになる.

$$\frac{\partial u}{\partial t} + \frac{\partial u^2}{\partial x} + \frac{\partial u v}{\partial y} + \frac{\partial u w}{\partial z} = g\,i_o - g\,\frac{\partial h}{\partial x} + \frac{\partial}{\partial z}\left((\nu + \nu_t)\frac{\partial u}{\partial z}\right) \quad (1.12)$$

1.3. 浅水流方程式

さて,この式を水路床(または河床)から水面まで積分することにしよう.

$$\int_\eta^H \frac{\partial u}{\partial t}\,dz + \int_\eta^H \frac{\partial u^2}{\partial x}\,dz + \int_\eta^H \frac{\partial u v}{\partial y}\,dz + \int_\eta^H \frac{\partial u w}{\partial z}\,dz$$
$$= g\,i_o \int_\eta^H dz - g \int_\eta^H \frac{\partial h}{\partial x}\,dz + \int_\eta^H \frac{\partial}{\partial z}\left((\nu + \nu_t)\frac{\partial u}{\partial z}\right) dz \quad (1.13)$$

ここで,まず最初に,式 (1.10) で代表されるようなライプニッツの法則を適用すると,式 (1.13) は次のように書き換えられる.

$$\frac{\partial}{\partial t}\left(\int_\eta^H u\,dz\right) + \frac{\partial}{\partial x}\left(\int_\eta^H u^2\,dz\right) + \frac{\partial}{\partial y}\left(\int_\eta^H u v\,dz\right)$$
$$- u\Big|_H \times \frac{\partial H}{\partial t} - u^2\Big|_H \times \frac{\partial H}{\partial x} - u\Big|_H \times v\Big|_H \times \frac{\partial H}{\partial y} + u\Big|_H \times w\Big|_H$$
$$+ u\Big|_\eta \times \frac{\partial \eta}{\partial t} + u^2\Big|_\eta \times \frac{\partial \eta}{\partial x} + u\Big|_\eta \times v\Big|_\eta \times \frac{\partial \eta}{\partial y} - u\Big|_\eta \times w\Big|_\eta$$
$$= g\,h\,i_o - g\,h\,\frac{\partial h}{\partial x} + \left[(\nu+\nu_t)\frac{\partial u}{\partial z}\right]_\eta^H \quad (1.14)$$

次に,式 (1.11) で表される運動学的境界条件を適用すると,

$$w\Big|_H = \frac{\partial H}{\partial t} + u\Big|_H \frac{\partial H}{\partial x} + v\Big|_H \frac{\partial H}{\partial y} \quad (1.15)$$

$$w\Big|_\eta = \frac{\partial \eta}{\partial t} + u\Big|_\eta \frac{\partial \eta}{\partial x} + v\Big|_\eta \frac{\partial \eta}{\partial y} \quad (1.16)$$

が成り立つ.ただし,ここでは例えば $w(x,y,H)$ を $w\big|_H$ と記している.また,固体壁面上では ν_t は ν に比べて無視でき,しかも Newton(ニュートン)の法則が成り立つことなどを考慮すると,

$$(\nu+\nu_t)\frac{\partial u}{\partial z}\Big|_H = 0$$
$$(\nu+\nu_t)\frac{\partial u}{\partial z}\Big|_\eta \fallingdotseq \nu\frac{\partial u}{\partial z}\Big|_{z=\eta} = \frac{\tau_{ox}}{\rho} \quad (1.17)$$

と書くことができる.そこで,これらを考慮すると次式が導かれる.

$$\frac{\partial}{\partial t}\left(\int_\eta^H u\,dz\right) + \frac{\partial}{\partial x}\left(\int_\eta^H u^2\,dz\right) + \frac{\partial}{\partial y}\left(\int_\eta^H u v\,dz\right) = g\,h\,i_o - g\,h\,\frac{\partial h}{\partial x} - \frac{\tau_{ox}}{\rho}$$
$$(1.18)$$

さらに，

$$\int_\eta^H u\,dz = h\,\bar{u}, \quad \int_\eta^H u^2\,dz = h\,\bar{u}^2, \quad \int_\eta^H uv\,dz = h\,\bar{u}\,\bar{v} \quad (1.19)$$

のように定義して，式 (1.18) を整理すると，次式が導かれる．

$$\frac{\partial h\,\bar{u}}{\partial t} + \frac{\partial h\,\bar{u}^2}{\partial x} + \frac{\partial h\,\bar{u}\,\bar{v}}{\partial y} = g\,h\,i_o - g\,h\,\frac{\partial h}{\partial x} - \frac{\tau_{ox}}{\rho} \quad (1.20)$$

これが，浅水流方程式化された x 軸方向への運動方程式である．

次に，連続式についても同様の方法で浅水流方程式を誘導する．まず，

$$\int_\eta^H \frac{\partial u}{\partial x}\,dz + \int_\eta^H \frac{\partial v}{\partial y}\,dz + \int_\eta^H \frac{\partial w}{\partial z}\,dz = 0$$

とし，これにライプニッツの法則を適用すると，

$$\frac{\partial}{\partial x}\left(\int_\eta^H u\,dz\right) + \frac{\partial}{\partial y}\left(\int_\eta^H v\,dz\right)$$
$$- \left(u\Big|_H \times \frac{\partial H}{\partial x} + v\Big|_H \times \frac{\partial H}{\partial y} - w\Big|_H\right) + \left(u\Big|_\eta \times \frac{\partial \eta}{\partial x} + v\Big|_\eta \times \frac{\partial \eta}{\partial y} - w\Big|_\eta\right) = 0$$

となる．さらに，運動学的境界条件を適用すると，次式が導かれる．

$$\frac{\partial h}{\partial t} + \frac{\partial}{\partial x}\left(\int_\eta^H u\,dz\right) + \frac{\partial}{\partial y}\left(\int_\eta^H v\,dz\right) = 0 \quad (1.21)$$

また，式 (1.19) を用いて式 (1.21) を整理すると，浅水流方程式としての連続式が次のように書き表されることになる．

$$\frac{\partial h}{\partial t} + \frac{\partial h\,\bar{u}}{\partial x} + \frac{\partial h\,\bar{v}}{\partial y} = 0 \quad (1.22)$$

さらに，式 (1.20) を式 (1.22) を用いて整理すると，運動方程式の浅水流形式の方程式は，次のように書き換えられる．

$$\frac{\partial \bar{u}}{\partial t} + \bar{u}\,\frac{\partial \bar{u}}{\partial x} + \bar{v}\,\frac{\partial \bar{u}}{\partial y} = g\,i_o - g\,\frac{\partial h}{\partial x} - \frac{\tau_{ox}}{\rho\,h} \quad (1.23)$$

y 軸方向の浅水流方程式も同様の手順で導くことができ，次のように書き表される．

$$\frac{\partial \bar{v}}{\partial t} + \bar{u}\frac{\partial \bar{v}}{\partial x} + \bar{v}\frac{\partial \bar{v}}{\partial y} = -g\frac{\partial \eta}{\partial y} - g\frac{\partial h}{\partial y} - \frac{\tau_{oy}}{\rho h} \tag{1.24}$$

以上の式 (1.22), (1.23), (1.24) が広く**浅水流方程式**として知られている方程式である．なお，式中の τ_{ox} と τ_{oy} は底面せん断力ベクトルの x および y 軸方向成分であり，後述する抵抗係数を C_f として次式で書き表される．

$$\vec{\tau}_o \equiv (\tau_{ox},\ \tau_{oy}) = \rho\, C_f\, \sqrt{\bar{u}^2 + \bar{v}^2} \times (\bar{u},\ \bar{v}) \tag{1.25}$$

1.3.3 拡散項の付加

浅水流方程式 (1.23) および (1.24) の誘導に当たっては，その出発点である式 (1.12) において，鉛直方向の粘性ならびに拡散の項のみを考慮し，これ以外の方向への項を無視した．このように，浅水流方程式には，一般に縦・横断方向の粘性ならびに拡散の項が現れることはない．しかし，実際の数値解析においては縦・横断方向への乱流拡散の影響を考慮する必要がある．そのため，式 (1.23) および (1.24) に上記の項を別途加えておかなければならない．

さて，ここでは横断方向成分を例に説明することにしよう．y 軸方向への上記の項は，近似的に

$$\int_\eta^H \frac{\partial}{\partial y}\left((\nu + \nu_t)\frac{\partial u}{\partial y}\right) dz \fallingdotseq \frac{\partial}{\partial y}\left[\int_\eta^H \left((\nu + \nu_t)\frac{\partial u}{\partial y}\right) dz\right]$$

$$\fallingdotseq \frac{\partial}{\partial y}\left(\bar{\nu}_t \frac{\partial h\,\bar{u}}{\partial y}\right)$$

のように書くことができる．ここに，$\bar{\nu}_t$ は乱流拡散係数の水深平均値である．そこで，x および y 軸方向の項を新たに加えれば，式 (1.23) は次のように書き換えられる．

$$\begin{aligned}
&\frac{\partial \bar{u}}{\partial t} + \bar{u}\frac{\partial \bar{u}}{\partial x} + \bar{v}\frac{\partial \bar{u}}{\partial y} \\
&= g\,i_o - g\frac{\partial h}{\partial x} - \frac{\tau_{ox}}{\rho h} + \frac{1}{h}\frac{\partial}{\partial x}\left(\bar{\nu}_t \frac{\partial h\,\bar{u}}{\partial x}\right) + \frac{1}{h}\frac{\partial}{\partial y}\left(\bar{\nu}_t \frac{\partial h\,\bar{u}}{\partial y}\right)
\end{aligned} \tag{1.26}$$

同様に，y 軸方向の浅水流方程式は，次のように修正される．

$$\frac{\partial \bar{v}}{\partial t} + \bar{u}\frac{\partial \bar{v}}{\partial x} + \bar{v}\frac{\partial \bar{v}}{\partial y}$$
$$= -g\frac{\partial \eta}{\partial y} - g\frac{\partial h}{\partial y} - \frac{\tau_{oy}}{\rho h} + \frac{1}{h}\frac{\partial}{\partial x}\left(\bar{\nu}_t \frac{\partial h \bar{v}}{\partial x}\right) + \frac{1}{h}\frac{\partial}{\partial y}\left(\bar{\nu}_t \frac{\partial h \bar{v}}{\partial y}\right) \quad (1.27)$$

浅水流方程式に依拠した数値解析を行う場合には，この修正された式 (1.26) および (1.27) が用いられることが多い．

1.4　一般化された Bernoulli(ベルヌーイ) の方程式

　河川を一本の線と見なして解析する方法を一次元解析法と呼ぶ．ここでは，この解析に用いる基礎の誘導を試みる．具体的には式 (1.20) を出発点として，これを河川の一方の水際から他方の水際まで横断方向に積分することを考える．そして，河川の中心軸上に x 軸をとり，y 軸の原点をこの中心軸上にとることにし，河川の幅を $2 \times B$ と表す．このとき，

$$\int_{-B}^{B} \frac{\partial h \bar{u}}{\partial t} dy + \int_{-B}^{B} \frac{\partial h \bar{u}^2}{\partial x} dy + \int_{-B}^{B} \frac{\partial h \bar{u}\bar{v}}{\partial y} dy$$
$$= ghi_o \int_{-B}^{B} dy - gh \int_{-B}^{B} \frac{\partial h}{\partial x} dy - \int_{-B}^{B} \frac{\tau_{ox}}{\rho} dy \quad (1.28)$$

となり，

$$\frac{\partial}{\partial t}\left(\int_{-B}^{B} h\bar{u}\,dy\right) + \frac{\partial}{\partial x}\left(\int_{-B}^{B} h\bar{u}^2\,dy\right)$$
$$- \frac{\partial B}{\partial t} \times (h\bar{u})\Big|_{B} - \frac{\partial B}{\partial x} \times (h\bar{u}^2)\Big|_{B} + (h\bar{u}\bar{v})\Big|_{B}$$
$$+ \frac{\partial(-B)}{\partial t} \times (h\bar{u})\Big|_{-B} + \frac{\partial(-B)}{\partial x} \times (h\bar{u}^2)\Big|_{-B} - (h\bar{u}\bar{v})\Big|_{-B}$$
$$= -g(2B)\bar{h}\frac{\partial(\bar{\eta}+\bar{h})}{\partial x} - \frac{\bar{\tau}_o}{\rho}S \quad (1.29)$$

となる．ここで，水際における運動学的境界条件を適用すると，式 (1.29) の 2 行目と 3 行目がともに 0 となる．そこで，横断面積を A，断面平均流速を

U として,

$$\int_{-B}^{B} h\,\bar{u}\,dy = AU, \quad \int_{-B}^{B} h\,\bar{u}^2\,dy = AU^2 \tag{1.30}$$

のように定義すると,式 (1.29) は次のように書き換えられる.

$$\frac{\partial AU}{\partial t} + \frac{\partial AU^2}{\partial x} = -gA\frac{\partial(\bar{\eta}+\bar{h})}{\partial x} - \frac{\bar{\tau}_o}{\rho}S \tag{1.31}$$

一方,連続式 (1.22) を同様に積分し,水際における運動学的境界条件を適用すると,次式が導かれる.

$$\frac{\partial A}{\partial t} + \frac{\partial AU}{\partial x} = 0 \tag{1.32}$$

そこで,式 (1.31) を

$$A \times \left(\frac{\partial U}{\partial t} + U\frac{\partial U}{\partial x}\right) + U \times \left(\frac{\partial A}{\partial t} + \frac{\partial AU}{\partial x}\right) = -gA\frac{\partial(\bar{\eta}+\bar{h})}{\partial x} - \frac{\bar{\tau}_o}{\rho}S$$

のように変形した後に式 (1.32) を代入すると

$$A \times \left(\frac{\partial U}{\partial t} + U\frac{\partial U}{\partial x}\right) = -gA\frac{\partial(\bar{\eta}+\bar{h})}{\partial x} - \frac{\bar{\tau}_o}{\rho}S$$

となる.さらに,両辺を gA で除して整理すると,次式を導くことができる.

$$\frac{1}{g}\frac{\partial U}{\partial t} + \frac{\partial}{\partial x}\left(\frac{U^2}{2g} + \bar{h} + \bar{\eta}\right) + \frac{\bar{\tau}_o}{\rho R_h g} = 0 \tag{1.33}$$

これが,一般化されたベルヌーイの式であり,左辺第三項が摩擦損失勾配を表す.ただし,R_h は径深 (hydraulic radius) であり,潤辺 S との関係で $R_h \equiv A/S$ と定義される.また,$\bar{h}$ および $\bar{\eta}$ は横断面内の平均水深ならびに平均河床高を表し,それぞれが圧力水頭ならびに位置水頭に相当する.

1.5 支配方程式の近似解法

1.5.1 方程式の簡略化・無次元化

本節では,河川水理学の分野で適用されることの多い「摂動展開法 (Perturbation Method)」という近似解法について簡単に説明する.さらに,この

考え方を適用することで，長方形断面直線水路における平衡状態の流れの横断方向流速分布について考える．

ここで基本となる支配方程式は，式 (1.26) である．いま，流れが定常・平衡の状態にあるとして，次のように仮定する．

$$\frac{\partial}{\partial t} = \frac{\partial}{\partial x} = \bar{v} = 0$$

このとき，式 (1.26) は次のように簡略化される[1]．

$$0 = ghi_o - \frac{\tau_o}{\rho} + \frac{\partial}{\partial y}\left(\bar{\nu}_t \frac{\partial h\,\bar{u}}{\partial y}\right) \tag{1.34}$$

いま，底面せん断力 τ_o を抵抗係数 (摩擦損失係数)C_f との関係で

$$\tau_o = \rho\,C_f\,\bar{u}^2 \tag{1.35}$$

と書くことにする．また，横断面が長方形断面であるとすれば，水深 h は y によらず一定であり，さらに，拡散係数が y 方向に変化しないものと仮定すると，式 (1.34) は次のように書き換えられる．

$$0 = g\,i_o - \frac{C_f}{h}\,\bar{u}^2 + \bar{\nu}_t \frac{\partial^2\,\bar{u}}{\partial y^2} \tag{1.36}$$

ここで，流れの対称性を考慮して水路中心軸上でこの式を変形すると，

$$0 = g\,i_o - \frac{C_f}{h}\,\bar{u}_c^2 \tag{1.37}$$

となる．そこで，式 (1.36) の各項を式 (1.37) に現れる二つの項のうちのいずれかで除して無次元化すると，次の式が得られる．

$$0 = 1 - \left(\frac{\bar{u}}{\bar{u}_c}\right)^2 + \frac{\bar{\nu}_t}{g\,i_o}\frac{\bar{u}_c}{B_o^2}\frac{\partial^2}{\partial \xi^2}\left(\frac{\bar{u}}{\bar{u}_c}\right) \tag{1.38}$$

ここに，横断方向の無次元座標を $\xi \equiv y/B_o$(B_o を水路の半幅) と定義する．さらに，無次元流速を $\bar{u}/\bar{u}_c \equiv \phi$ と書くことにして，この式をさらに変形すると，

$$0 = 1 - \phi^2 + \epsilon\,\frac{\partial^2\,\phi}{\partial \xi^2} \tag{1.39}$$

---

[1]この式 (1.34) に関しては，ある仮定の下でこれを解析的に解くことができる．これについては，第 12 章末の設問の解説の中でふれており，そちらを参照されたい．

となる．ここに，ϵ は次式で定義される無次元量であり，一般に 1 に比べて十分小さな値をとる．

$$\epsilon \equiv \frac{\bar{\nu}_t}{g\,i_o}\,\frac{\bar{u}_c}{B_o^2} = \frac{\nu_t}{\bar{u}_c\,h} \times \frac{\bar{u}_c^2}{g\,h} \times \left(\frac{h}{B_o}\right)^2 \times \frac{1}{i_o} \qquad (1.40)$$

境界条件としては，壁面上の $\xi=0$ で $\phi=0$，水路中心軸上の $\xi=1$ で $\phi=1$ とする．

1.5.2 摂動展開法の考え方

摂動展開法では，ある方程式の解を微小量 ϵ の周りに次のように展開する．

$$u = u_o + \epsilon\,u_1 + \epsilon^2\,u_2 + \cdots$$

これは Taylor(テイラー) 展開と同様の考え方に基づくものであり，各項の線形和の形で解を評価しようとするものである．いま，例題として，次の三次方程式の解を求めよう．

$$u = 1 + \epsilon\,u^3$$

この式に上記の展開式を代入し，

$$(u_o + \epsilon\,u_1 + \epsilon^2\,u_2 + \cdots) - 1 - \epsilon \times (u_o + \epsilon\,u_1 + \epsilon^2\,u_2 + \cdots)^3 = 0$$

これを ϵ についての恒等式として整理すると，次のようになる．

$$(u_o - 1) + \epsilon\,(u_1 - u_0^3) + \epsilon^2\,(u_2 - 3u_0^2 u_1) + \cdots = 0$$

そこで，ϵ の各オーダーごとのカッコの中が 0 であるとして解くと，

$$u_o = 1; \quad u_1 = 1; \quad u_2 = 3; \quad \cdots$$

ここで，ϵ が十分小さく，$\epsilon \gg \epsilon^2$ が成り立つような場合には，ϵ の高次のべき乗の項は低次のものに比べて十分小さく無視しうると判断できるので，この場合には解を

$$u = 1 + \epsilon + 3\epsilon^2 + \cdots$$

のように近似しても十分な精度を持っていることになる．

ここでは，代数方程式の解法を例に説明したが，この考え方は，微分方程式の解法にも応用できる．

1.5.3 横断方向流速分布

さて,摂動法の考え方を使って式 (1.39) の近似解法を試みよう.まず,解を次のように展開する.

$$\phi = \phi_o + \epsilon\,\phi_1 + \epsilon^2\,\phi_2 + \cdots \tag{1.41}$$

これを式 (1.39) に代入し,ϵ のオーダーごとに整理すると,

$$1 - \phi_o^2 = 0; \quad -2\,\phi_o\,\phi_1 + \frac{\partial \phi_o}{\partial \xi^2} = 0 \quad \cdots \tag{1.42}$$

これを解くと,

$$\phi_o = 1; \quad \phi_1 = 0; \quad \cdots \tag{1.43}$$

となる.したがって,この解法によって求められる解は,

$$\phi = 1 \tag{1.44}$$

となる.これは,式 (1.39) の右辺第三項の影響をあまり受けない領域の解といえる.一方,この項の影響を顕著に受ける壁に近い領域の解を求めようとすると,この領域の無次元座標 ξ を拡大して見るような座標変換が必要になる.すなわち,

$$\zeta = \xi/\sqrt{\epsilon} \tag{1.45}$$

そこで,これを導入して式 (1.39) を整理すると,次の式が導かれる.

$$0 = 1 - \phi^2 + \frac{\partial^2 \phi}{\partial \zeta^2} \tag{1.46}$$

そこで,式 (1.41) を式 (1.46) に再び代入して整理すると,次の式が導かれる.

$$1 - \phi_o^2 + \frac{\partial^2 \phi_o}{\partial \zeta^2} = 0; \quad -2\,\phi_o\,\phi_1 + \frac{\partial^2 \phi_1}{\partial \zeta^2} = 0 \quad \cdots \tag{1.47}$$

式 (1.47) の第 1 式については,前述の解として $\phi_o = 1$ を用いることにして,第 2 式を整理すると,

$$-2\,\phi_1 + \frac{\partial^2 \phi_1}{\partial \zeta^2} = 0 \tag{1.48}$$

となる．この第二次の項の一般解を求めると，次のようになる．

$$\phi_1 = C_o e^{-\sqrt{2}\zeta} + C_1 e^{\sqrt{2}\zeta} \tag{1.49}$$

そこで，ϵの一次のオーダーで打ち切ることにすれば，求めるべき解は，

$$\phi = 1 + \epsilon \times \left(C_o e^{-\sqrt{2}\zeta} + C_1 e^{\sqrt{2}\zeta} \right) \tag{1.50}$$

となる．ここで，積分定数C_oとC_1は境界条件から定めるが，式(1.45)のような座標変換を施したことを考慮すると，

$$\zeta = \infty\ (\xi = 1)\ \ \text{で}\ \ \phi = 1 \tag{1.51}$$

$$\zeta = 0\ \ (\xi = 0)\ \ \text{で}\ \ \phi = 0 \tag{1.52}$$

のように与えられる．ここでは，ϵを微小量と仮定しているため，$1/\epsilon$を∞として取り扱う．これにより，積分定数は$C_1 = 0$，$\epsilon C_o = -1$となる．よって，式(1.50)は次のように定まる．

$$\phi = 1 - e^{-\sqrt{2}\zeta} \tag{1.53}$$

これが式(1.39)の側壁近くの解である．一方，壁から十分離れた位置での解は式(1.44)である．

ところで，ϵのオーダーを概算しておくことにしよう．拡散係数を$\nu_t = \alpha \times u_c^\star h$とし，等流状態における関係$g h i_o = u_c^{\star 2}$を導入すると，

$$\epsilon = \alpha \times \frac{\bar{u}_c}{u_c^\star} \times \left(\frac{h}{B_o} \right)^2 \tag{1.54}$$

となる．ここで，$\alpha \approx 0.23$，$\bar{u}_c/u_c^\star \approx 10$，$h/B_o \approx 0.1$とすると，$\epsilon \approx 0.023$となり，前述のとおり1に比べて十分小さな値であることがわかる．

最後に，$\epsilon = 0.02$として，無次元流速の横断方向分布を図示した結果を**図1.1**に示す．この図より，側壁のある$y/B_o = 0$から$y/B_o = 0.4$程度の区間では流速が変化するものの，それよりも水路中心軸側ではほぼ水路中央での値に等しくなることがわかる．

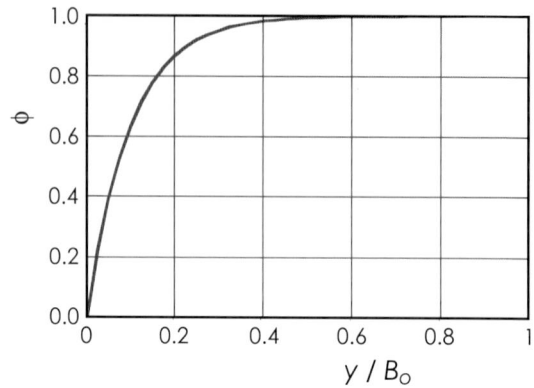

図 1.1 横断方向流速分布

1.6 Kinematic wave 近似

　前節までの式の誘導を通じて，水の流れを解析する際に依拠すべき基礎方程式のすべてが出揃ったことになる．数値解析を行う際には，必要とされる計算の精度とそれに要する負荷とのバランスを考えて，どの段階の支配方程式を解くかを決めることになる．ここでは，簡易的な解析手法として使われている **Kinematic wave 近似** について紹介する．

　いま，実際の計測結果に基づき，式 (1.33) の各項のオーダー比較を試みる．**表 1.1**[2] には，河川および人工水路における一時的な流れ，さらには地表流に

表 1.1 式 (1.33) のオーダー比較

流れの種類	局所加速度 $\dfrac{1}{g}\dfrac{\partial U}{\partial t}$	速度水頭項 $\dfrac{\partial}{\partial x}\left(\dfrac{U^2}{2g}\right)$	圧力項 $\dfrac{\partial \bar{h}}{\partial x}$	重力項 $-\dfrac{\partial \bar{\eta}}{\partial x}$	抵抗項 $\dfrac{\tau_o}{\rho R_h g}$
河川	0.01	0.03	0.09	4.92	4.83
人工水路	0.93	0.93	1.86	34.5	34.1
地表流	0.31	0.31	3.11	40.2	40.2

上記の数字に 10^{-3} を乗じたものが実際の値

---

[2] Gunaratnum and Perkins(1970) より引用．

対して,式 (1.33) の各項の大きさを比較した結果がまとめられている.この表を見ると,いずれの流れに対しても重力の項と抵抗の項とが卓越した大きさを持ち,両者がほぼ釣り合うことで式 (1.33) が満たされていることがわかる.このことは,各瞬間・各地点について見たときに,流れは等流の状態から大きくはずれたものにはなっていないことを意味する.このように流れが擬似等流状態にあると見なして解くような近似を Kinematic wave 近似,この近似に基づく解析手法を **Kinematic wave 法**と呼ぶ.このような近似に従う場合には,式 (1.33) のような運動方程式を解く代わりに,Manning(マニング) の平均流速公式のような「等流状態の流速を評価する経験式」を導入すれば十分であり,解析はかなり簡略化される.すなわち,

$$U = \frac{1}{n} R_h^{2/3} \left(-\frac{\partial \eta}{\partial x}\right)^{1/2} \qquad (1.55)$$

である.ここに,U は流速の x 方向成分であり,流れが地形のより低い方向に向かって生じることを考慮すると,U は $-\partial \eta/\partial x$ と同符号になる.そこで,この式を次のように書き変えておくことにする.

$$U = \frac{1}{n} R_h^{2/3} \frac{-\frac{\partial \eta}{\partial x}}{\sqrt{\left|-\frac{\partial \eta}{\partial x}\right|}} \qquad (1.56)$$

いま,水深があまり大きくない平面二次元の流れに対してこの関係を適用することを考えよう.このとき,x ならびに y 軸方向の流速成分を $\bar{u}$ および $\bar{v}$ と表すことにして,これらを次のように書き表すものとする.

$$\bar{u} = \frac{1}{n} h^{2/3} \frac{-\frac{\partial \eta}{\partial x}}{\sqrt{\left|-\frac{\partial \eta}{\partial x}\right|}} \qquad (1.57)$$

$$\bar{v} = \frac{1}{n} h^{2/3} \frac{-\frac{\partial \eta}{\partial y}}{\sqrt{\left|-\frac{\partial \eta}{\partial y}\right|}} \qquad (1.58)$$

この式の誘導に当たっては,式 (1.56) に現れる径深 R_h を平面二次元の計算格子内の平均水深に置き換えてある.そして,これらを連続式

$$\frac{\partial h}{\partial t} + \frac{\partial h \bar{u}}{\partial x} + \frac{\partial h \bar{v}}{\partial y} = 0 \qquad (1.59)$$

に代入すると，次のような式が導かれる．

$$\frac{\partial h}{\partial t} + \frac{\partial}{\partial x}\left(h \times \frac{1}{n} h^{2/3} \frac{-\frac{\partial \eta}{\partial x}}{\sqrt{|-\frac{\partial \eta}{\partial x}|}}\right) + \frac{\partial}{\partial y}\left(h \times \frac{1}{n} h^{2/3} \frac{-\frac{\partial \eta}{\partial y}}{\sqrt{|-\frac{\partial \eta}{\partial y}|}}\right) = 0$$

(1.60)

この式 (1.60) は，地形の縦・横断方向勾配が既知であれば，水深のみを未知量とする方程式であり，これを所定の初期条件と境界条件の下で解くと水深 h を求めることができる．さらに，この結果を式 (1.57)，式 (1.58) に代入することで流速の二成分 $\bar{u}$ および $\bar{v}$ を求めることができる．このように，Kinematic wave 近似を導入すると，運動方程式と連続式を解く代わりに式 (1.60) を解けばよいことになり，解析は格段に容易なものとなる．

このような近似を用いた場合の問題として，地形の地表面の勾配が緩やかである場合にあまり高い精度を期待できないということが挙げられる．これは，勾配が小さな場合には**表 1.1** に見られる圧力項が無視できないためである．そこで，前述した近似的な関係を次のように捉え直すことで，ある程度の精度向上が期待できる．すなわち，式 (1.33) を

$$\frac{\partial}{\partial x}(h+\eta) + \frac{\bar{\tau}_o}{\rho R_h g} = 0$$

のように書き改めるとにする．これは，マニングの平均流速公式中の地形勾配を水面勾配に置き換えることを意味している．このことを考慮して式 (1.60) を書き換えると，

$$\frac{\partial h}{\partial t} + \frac{\partial}{\partial x}\left(h \times \frac{1}{n} h^{2/3} \frac{-\frac{\partial H}{\partial x}}{\sqrt{|-\frac{\partial H}{\partial x}|}}\right) + \frac{\partial}{\partial y}\left(h \times \frac{1}{n} h^{2/3} \frac{-\frac{\partial H}{\partial y}}{\sqrt{|-\frac{\partial H}{\partial y}|}}\right) = 0$$

(1.61)

となる．ここに，H は水位 (水面高) であり，$H \equiv \eta + h$ と定義される．このような考え方を **Diffusion wave (拡散波) 近似**と呼ぶ．

ここで説明してきた Kinematic wave 近似や Diffusion wave 近似に基づく平面二次元流れの解析は，例えば河川上流域の山腹斜面における地表面流に関する流出解析や，簡易的な氾濫流解析などに適用されることがある．

1.6. Kinematic wave 近似

参考

「Diffusion wave 近似」に基づく一次元流れの解析方法を二次元の場に拡張しようとする場合には，次のような定式化も可能である。

いま，Diffusion wave 近似に従い，しかも径深を水深で置き換えることにすると，マニングの平均流速公式は次のように書き表される。

$$U = \frac{1}{n} h^{2/3} \frac{-\frac{\partial H}{\partial x}}{\sqrt{|-\frac{\partial H}{\partial x}|}} \tag{1.62}$$

この式を平面二次元流れへと拡張する場合に，ある地点における速度ベクトル $\vec{u}$ が (1) 水面勾配が最大となる方向を向き，(2) その最急勾配の 1/2 乗に比例する大きさを持つ，とした考え方もあり得る。すなわち，

$$\begin{aligned}\vec{u} &= (\bar{u}, \bar{v}) \\ &= \frac{1}{n} h^{2/3} |\vec{i_w}|^{1/2} \times \frac{\vec{i_w}}{|\vec{i_w}|} = \frac{1}{n} h^{2/3} \frac{\vec{i_w}}{|\vec{i_w}|^{1/2}}\end{aligned} \tag{1.63}$$

となる。ここに，$\vec{i_w}$ は水面の最急勾配を表すベクトルであり，水位 H との関係で次のように書き表される。

$$\vec{i_w} = (i_{wx}, i_{wy}) = \left(-\frac{\partial H}{\partial x}, -\frac{\partial H}{\partial y}\right) \tag{1.64}$$

このとき，式 (1.61) は次のように書き換えられる。

$$\frac{\partial h}{\partial t} + \frac{\partial}{\partial x}\left(\frac{1}{n} h^{5/3} \frac{i_{wx}}{|\vec{i_w}|^{1/2}}\right) + \frac{\partial}{\partial y}\left(\frac{1}{n} h^{5/3} \frac{i_{wy}}{|\vec{i_w}|^{1/2}}\right) = 0 \tag{1.65}$$

第2章 不等流計算法

2.1 概説

　前章では水流の支配方程式について解説してきたが，そこで示された方程式のうちどの段階のものを解くかで，一次元解析から三次元解析までのいずれかに分類されることになる．このうち，三次元解析は，流れ場についての最も詳細な情報をもたらしてくれるものであることは言うまでもないが，その計算負荷が大きいために，現時点でも特別な場合を除いて行われることはない．一方，平面二次元解析は，いまでは最も一般的な解析方法ということができる．これについては第3章で解説する．しかし，河川上流域から下流の河口までといった長い距離にわたっての解析は，やはり一次元解析手法によらざるを得ない．これは，河川の縦断方向への距離が大きくなると，平面二次元解析でもその計算負荷がかなり大きくなるためである．

　本章では，流れ場の解析について説明する手始めとして，一次元解析法をとり上げ，このうちでも最も簡単な定常状態の流れ場を対象とした解析法，すなわち**不等流計算法**について解説する．

2.2 一次元解析の基礎方程式

河川における水の流れを解こうとする場合には，連続式と運動方程式に依拠して解析すればよいことはすでに述べた．ここではこのあたりを簡単に振り返りながら説明を始めることにする．たとえば，一次元の流れで，しかも横断面形状が流下方向に変化する可能性のある河川の非定常流れについて考えることにすれば，その連続式ならびに運動方程式は次のように書き表される．

$$\frac{\partial A}{\partial t} + \frac{\partial AU}{\partial x} = 0 \tag{2.1}$$

$$\frac{1}{g}\frac{\partial U}{\partial t} + \frac{\partial}{\partial x}\left(\frac{U^2}{2g} + \bar{h} + \bar{\eta}\right) + \frac{\bar{\tau}_o}{\rho R_h g} = 0 \tag{2.2}$$

ここに，A が断面積，U が断面内平均流速 ($\equiv Q/A$)，$\bar{h}$ が平均水深，$\bar{\eta}$ が河床(川底)の基準面からの高さの平均値をそれぞれ表す．また，R_h は径深である．さらに，式 (2.2) の左辺第三項が摩擦損失勾配を表し，$\bar{\tau}_o$ は底面せん断力である．

流量が一定の流れ (定常流) の場合には，式 (2.1) は $Q \equiv A \times U$ が x によらず一定であることを考慮すればよく，特にこの式を解く必要はない．また，式 (2.2) について見てみると，左辺第一項は 0 となることから，

$$\frac{d}{dx}\left(\frac{U^2}{2g} + \bar{h} + \bar{\eta}\right) + \frac{dh_f}{dx} = 0 \tag{2.3}$$

となり，もし，左辺第二項の摩擦損失が無視できるものとすれば，いわゆるベルヌーイの定理そのものを表す関係式となる．しかし，実用的な解析を行う場合には摩擦損失を無視することはなく，一次元の解析を行う際には，式 (2.1), (2.2) が基礎方程式となる．なお，底面せん断力 $\bar{\tau}_o$ は，抵抗係数 C_f (いわゆる摩擦損失係数 f' の 1/2) との関係で，

$$\bar{\tau}_o = \rho C_f U^2 \tag{2.4}$$

と書き表されることが知られているため，

$$\frac{\bar{\tau}_o}{\rho R_h g} = C_f \frac{1}{R_h}\frac{U^2}{g} \equiv \frac{dh_f}{dx} \equiv i_f \tag{2.5}$$

となる.ここに,i_f は摩擦損失勾配を表す.そこで,さらに簡略化して,水路幅一定の長方形断面水路の流れを想定して,ここに生じる定常流の解析を行うことにすれば,その基礎式は,単位幅流量を q として次のように書き表される.

$$\frac{d}{dx}\left(\frac{q^2}{2gh^2}+\bar{h}+\bar{\eta}\right)+C_f\frac{1}{R_h}\frac{q^2}{gh^2}=0 \tag{2.6}$$

さて,ここで話を先に進める前に,式 (2.4) で表されるいわゆる**抵抗則**について簡単にふれておくことにしよう.抵抗則とは,流れがそれを取り巻く固体壁面との間に作用する摩擦力によって,どれだけ抵抗を受けるかを表す.これは,たとえ流れが乱流であったとしても,固体壁面の近傍では粘性の影響を顕著に受けることに起因している.そして,この抵抗を「せん断(応)力」$\bar{\tau}_o$ の形で考慮していくことになる.いま,簡単のために,勾配 i_o で傾いた流路における断面積 A,潤辺長 S の等流状態の流れについて考える.ここでは,流下方向に dx だけ離れた二横断面によって仕切られた水塊に注目する.この水塊が定常状態にある (加速も減速もせず,時間的に一定の流れの状態にある) とすれば,この水塊に作用する重力と摩擦力 (抵抗力) とが釣り合わなければならない.すなわち,

$$\rho\,(A\,dx)\,g\,i_o=\bar{\tau}_o\times(S\,dx)$$

また,この式を整理すると,A/S を径深 R_h と定義した上で次のようになる.

$$\bar{\tau}_o=\rho\,g\,R_h\,i_o \tag{2.7}$$

一方,不等流について考えると,式 (2.5) の関係から,式 (2.7) の代わりに

$$\bar{\tau}_o=\rho\,g\,R_h\,i_f \tag{2.8}$$

が成り立つことになる.そこで,摩擦損失勾配 i_f を求めることができれば $\bar{\tau}_o$ を評価することができる.いま,不等流の状態にある流れに対して,マニングの平均流速公式を適用することを考える.その際に,摩擦速度 $u^\star$ が $\sqrt{\frac{\tau_o}{\rho}}$ と定義されることから,次の関係を考慮に入れる.

$$u^\star=\sqrt{g\,R_h\,i_f} \tag{2.9}$$

すなわち,

$$U = \frac{1}{n} R_h^{2/3} i_f^{1/2} = \frac{R^{1/6}}{g^{1/2} n} \times \sqrt{g\, R_h\, i_f} = \frac{R^{1/6}}{g^{1/2} n} \times u^\star \qquad (2.10)$$

さらに,この関係をせん断力 $\bar{\tau}_o$ に関する関係式に書き直すと,次の式が導かれる.

$$\bar{\tau}_o = \rho \frac{g\, n^2}{R_h^{1/3}} \times U^2 \qquad (2.11)$$

そこで,この式 (2.11) と式 (2.4) との比較から,マニングの粗度係数 n と抵抗係数 C_f との間には次の関係があることがわかる.

$$C_f = \frac{g\, n^2}{R_h^{1/3}} \qquad (2.12)$$

河川水理学あるいは河川工学においては,抵抗係数 (あるいは摩擦損失係数) に代わってマニングの粗度係数を用いて,その抵抗の度合いを評価することが一般的である.そこで,式 (2.6) をこのマニングの粗度係数を用いて書き換えておくことにする.ここでは,実河川における流れを想定して $R \fallingdotseq h$ と近似する.

$$\frac{d}{dx}\left(\frac{q^2}{2\,g\,h^2} + \bar{h} + \bar{\eta}\right) + \frac{n^2\, q^2}{h^{10/3}} = 0 \qquad (2.13)$$

なお,Chow[1] によれば,マニングの粗度係数の概略値は**表 2.1** のようになるとされる.

表 2.1 マニングの粗度係数の概略値

流路の種類	n の値	特記事項
平地を流れる小流路	$0.025 \sim 0.033$	浅瀬や淵のない直線流路 (満水位)
	$0.033 \sim 0.045$	浅瀬や淵のある蛇行流路
	$0.050 \sim 0.080$	雑草や淵のある緩い流れ
大流路	$0.025 \sim 0.060$	巨礫も植生もない規則的な断面
	$0.035 \sim 0.100$	不規則で粗い断面
山地流路	$0.030 \sim 0.070$	−

2.3 不等流計算法

以上の準備の下に，式 (2.13) を解いて流れの水面形を求める数値解析を**不等流計算**と呼ぶ．式 (2.13) は非線形の常微分方程式であり，これを解析的に解くことは容易ではない．そこで，ここでは，これを数値的に解く方法について説明し，それを基礎として実際の水面形計算を試みることにしよう．数値計算法にはいくつものタイプのものが考えられているが，ここでは「(有限) 差分法」を用いることにする．

いま，変数 x の関数として $f(x)$ を考えることにし，この関数の $x_o + \Delta x$ における値をテイラー展開を用いて記述すると，

$$f(x_o + \Delta x) = f(x_o) + \left.\frac{df}{dx}\right|_{x_o} \times \Delta x + \left.\frac{d^2 f}{dx^2}\right|_{x_o} \times \frac{(\Delta x)^2}{2!} + \cdots \quad (2.14)$$

となる．ここでは，Δx を x_o に比べて微小であるとしており，$(\Delta x)^2$ は Δx に比べて十分小さいと考える．このような近似を用いると，式 (2.14) から次のような関係が導かれる．ただし，ここでは x_o を x と書き改めてある．

$$\frac{df}{dx} = \frac{\Delta f}{\Delta x} = \frac{f(x + \Delta x) - f(x)}{\Delta x} \quad (2.15)$$

このように，x の微小な変化量 Δx に対する f の変化量を Δf とし，両者の比として微分量を近似する．これが差分法の根底にある考え方である．

さて，話を本題に戻して，式 (2.13) の解法について考えよう．式 (2.15) の考え方に従うと，この式 (2.13) は次のように書き換えられる．ここでは，h と η に付していた (¯) を省略してある．

$$\frac{1}{\Delta x}\left[\left(\frac{q^2}{2gh_{i+1}^2} + h_{i+1} + \eta_{i+1}\right) - \left(\frac{q^2}{2gh_i^2} + h_i + \eta_i\right)\right]$$
$$= -\frac{n^2 q^2}{2}\left(\frac{1}{h_{i+1}^{10/3}} + \frac{1}{h_i^{10/3}}\right) \quad (2.16)$$

ここに，例えば h_i は $x = i \times \Delta x$ における h の値を表し，計算点 $i+1$ と i との間には Δx だけ間隔があいていることを意味する．

この式において，マニングの粗度係数 n，単位幅流量 q，隣接する計算点における河床 (あるいは水路底面) の高さ η がいずれも既知であるとする．こ

のとき，この式はh_iとh_{i+1}とを未知量とする代数方程式となるが，このままではこれを解くことができない．言い換えると，いずれか一方が既知であるならばこの方程式を解くことができることになり，この既知量を与えるために「境界条件」を定める．いま，流れが常流であるものとして説明すると，ある点の流れはその下流側の影響を強く受けることになる．そこで，常流の区間について考える場合には，その下流端において「水位」(水面の高さ) を与えれば，その上流側の流れを定めることができる[1]．すなわち，式 (2.16) 中の $i+1$ に相当する計算点を下流端とし，h_{i+1} を既知量とすれば，この式は h_i のみが未知量の代数方程式となり，これを解くことで，計算点 i の水深を求めることができる．次に，対象とする計算点を順次上流側に移して同様の計算を行い，すべての計算点の水深を順番に定めていけばよい．

しかし，この式の解法はそれほど簡単ではなく，解を求めるには試行錯誤を繰り返さざるを得ない．そこで，この解法において広く用いられている Newton-Rapson (ニュートン・ラプソン) 法という数値計算法を紹介する．ただし，ここでは，必要な説明のみ記し，原理についてはふれない．まず，式 (2.16) が h_i の関数であることから，この式を $f(h_i) = 0$ の形となるように書き換える．すなわち，

$$f(h_i) \equiv \frac{q^2}{2gh_i^2} + h_i - \frac{n^2 q^2 \Delta x}{2}\frac{1}{h_i^{10/3}} \\ - \left(\frac{q^2}{2gh_{i+1}^2} + h_{i+1} + \frac{n^2 q^2 \Delta x}{2}\frac{1}{h_{i+1}^{10/3}} + \eta_{i+1} - \eta_i\right) = 0 \quad (2.17)$$

ここに，前述のとおり h_{i+1} は既知であるので，式中の括弧内の和は既知となる．次に，この式を h_i で偏微分した関数 $f'(h_i)$ を導くと次のようになる．

$$f'(h_i) \equiv -\frac{q^2}{gh_i^3} + 1 + \frac{10}{3}\frac{n^2 q^2 \Delta x}{2}\frac{1}{h_i^{13/3}} \quad (2.18)$$

このような準備の下でニュートン・ラプソン法を適用すると，次の手順に従って解 h_i を求めることができる．

---

[1] 射流の場合は全く逆になり，上流側の水位を境界条件として与える必要がある．

(1) h_i の値を仮定する．たとえば，これを h_{i+1} に等しいとする．
(2) この h_i を式 (2.17) に代入し，これに対する $f(h_i)$ の値を求める．
(3) もし，この $f(h_i)$ の値が，限りなく 0 に等しい（あるいは許容誤差内にある）と判断されるならば，この h_i が解である．
(4) もし，この判断が否であるならば，以下のようにして仮定値を修正する．すなわち，(1) で仮定した h_i の値を $h_i^\star$ とするならば，

$$h_i = h_i^\star - \frac{f(h_i^\star)}{f'(h_i^\star)} \tag{2.19}$$

より新たな h_i の値を求める．
(5) この仮定値に対して上記の手順を繰り返し，手順 (3) において $f(h_i)$ が許容誤差内に収まったとき，これを終える．

設問

初期河床勾配 $i_o = 0.01$ の河川にダムがあり，その上流側から一定流量の水が流入してくる．ここでは，河川の川幅が水深に比べて十分大きく，しかもこれが流下方向に変化しないものとする．また，単位幅当たりの流量を $q = 10.0 \, (\mathrm{m^3/s/m})$ とする．計算領域としてダム地点からその 4 km 上流までの区間をとることにし，計算点を $\Delta x = 200 (\mathrm{m})$ ごとに設けることにする．計算点番号は上流端を $i = 0$，下流端のダム地点を $i = 40$ とする．いま，下流端のダム地点における水位が $H \equiv \eta + h = 50.0 (\mathrm{m})$ であるとすると，その上流側の水面形はどのようになるか．ただし，流れを計算する上で必要となるマニングの粗度係数を $n = 0.05$ とする．

(1) ダムから十分離れた地点での水深は等流水深になる．そこで，この等流水深を広長方形断面水路の場合の関係式から求めなさい[2]．

---

[2] 径深 R が水深 h で近似できる場合には，マニングの平均流速公式から単位幅流量 q は，

$$q = \frac{1}{n} h^{2/3} i_o^{1/2} \times h \tag{2.20}$$

となる．この式中の水深が等流水深であり，これを h_n と定義して整理すると，

$$h_n = \left(\frac{n^2 q^2}{i_o}\right)^{3/10} \tag{2.21}$$

(2) ニュートン・ラプソン法の考え方に従って，ダム上流側の水面形を求めなさい．

略解

等流水深 h_n は，$2.63\,\mathrm{m}$ である．また，不等流計算の結果は図 **2.1** に示すとおりである．

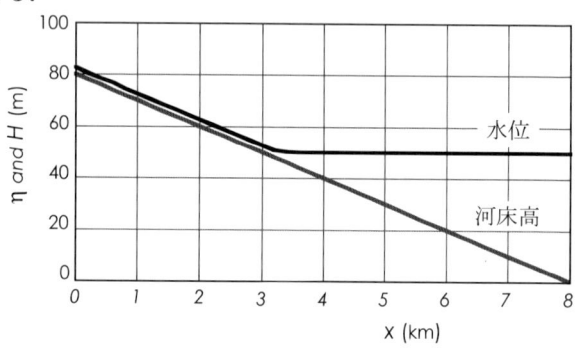

図 2.1 不等流計算結果

参考

Newton-Rapson (ニュートン・ラプソン) 法

ここでは，この方法による解析の一例として，代数方程式 $x^3 - 6x^2 - x + 6 = 0$ の解を求めてみよう．まず，関数 $f(x)$ を次のように定義し，その x による導関数 $f'(x)$ を求める．

$$f(x) = x^3 - 6x^2 - x + 6 = 0 \tag{2.22}$$

$$f'(x) = 3x^2 - 12x - 1 \tag{2.23}$$

前述のとおり，求めるべき解を x_o，仮定値を $x^\star$ とし，その修正量を δx とすると，テイラー展開から近似的に次のような関係が得られる．

$$\begin{aligned} 0 = f(x_o) &= f(x^\star + \delta x) \\ &= f(x^\star) + f'(x^\star) \times \delta x \end{aligned} \tag{2.24}$$

そこで，修正量 δx は仮定値 $x^\star$ との関係で次のように書き表される．

$$\delta x = -\frac{f(x^\star)}{f'(x^\star)} \tag{2.25}$$

以上の準備の下に $x \geq 5$ の範囲にある解を求める．まず，$x^\star = 5.0$ を仮定値として，上記の関数 $f(5.0)$ の値を求めると -24.0 となる．この値は 0 からは大きくはずれているため，この仮定値を解とすることはできない．そこで，$f'(5.0)$ を求めた上で修正値 δx を求めると 1.714 となる．そこで，新たな仮定値を 6.714 として同様の計算を行い，$f(x^\star)$ の絶対値が許容誤差 ϵ 以下になるまでこの手順を繰り返す．ここでは，$\epsilon = 0.01$ とする．解析の結果を**表 2.2** に示す．この表より，6 回目の計算を経て，求めるべき解が 6.000 であると判断された．参考までに，この代数方程式は因数分解が可能で，$(x-1)(x+1)(x-6) = 0$ となるため，求めるべき解は確かに 6 であり，妥当な解が数値的に得られたことがわかる．

表 2.2 ニュートン・ラプソン法による解析例

	1 回目	2 回目	3 回目	4 回目	5 回目
$x^\star$	5.000	6.714	6.128	6.005	6.000
$f(x^\star)$	-24.0	31.472	4.679	0.175	0.0
$f'(x^\star)$	14.0	53.665	38.121	35.120	35.000
δx	1.714	-0.586	-0.123	-0.005	0.000

参考文献

[1] Chow, V.T. : Open-Channel Hydraulics, McGRAW-HILL, 1981.

第3章

平面二次元流れの解析

3.1 概説

　第1章では，平面二次元流れの解析を行う上で基礎となる浅水流方程式について解説した．ここでは，この浅水流方程式に依拠して行われる平面二次元解析の中から，「蛇行河川の流れ」に関するものを取り上げる．平面二次元解析では，圧力が静水圧分布に従うものとして，水深と流速の水深平均値とを評価し，これにより流れ場を把握しようとするものであり，これまでのところ最も一般的に用いられている解析法である．また，第10章で説明するように河川をその平面形状から分類するならば，蛇行河川はその代表的な流路形状であるということができる．蛇行河川における流れに関してはこれまでも数多くの研究がなされてきており，流路曲率に見合った遠心力が作用するために，そこに生じる流れは特徴的な内部構造を持つことが知られている．

　本章では，水理学において主たる対象とされる直線水路の流れから，より複雑な実河川の流れへとその理解を広げていくため，蛇行河川の流れの内部構造について考えるとともに，その解析方法について解説する．この際に，浅水流方程式に依拠した解析が抱えている問題点についてもあわせて説明する．なお，蛇行河川では，河床や河岸の浸食・堆積が生じることになり，これに伴い流れ場も変化していくことになる．このような移動床問題については第11章で詳しく解説する．

3.2 二次流

蛇行河川内の流れを議論する上でのキーワードは，流路曲率と**二次流**であろう．そこで，ここではまずこの二次流について簡単に解説しておこう．

二次流 (Secondary flow) とは，**主流** (Primary flow) に対する用語であり，後者が流速ベクトル $\vec{u} \equiv (u, v, w)$ のうちの流下方向成分である u を指すのに対して，前者は横断面内の流速成分 v, w を表す．Prandtl（プラントル）によれば，二次流はその発生要因に応じて二つの種類に分けられるとされる．すなわち，

- 第1種二次流：河川湾曲部などにおいて遠心力に起因して生じる二次流
- 第2種二次流：乱れの非一様性，ならびに非等方性が原因で生じる二次流 (turbulence-driven secondary current)

本章では，第1種二次流について説明する．第2種の二次流については，直線流路においても生じるが，その大きさは主流速の断面内最大値 $U_{\max}$ の数%程度にすぎない．このため，その発生のメカニズムを理解する場合には，乱れの渦径スケールの議論が必要となる．これについては第4章において簡単に説明する．

3.3 曲線座標系における流れの基礎方程式

流れの解析を行う場合に，その対象によっては円筒座標 r-θ-z 系における支配方程式をその出発点とすることがある．いま，流速の各方向成分を (u_r, u_θ, u_z) とし，圧力の静水圧分布を仮定すると，三次元の流れ場を支配する方程式は次のように書き表される．

$$\frac{1}{r}\frac{\partial v_\theta}{\partial \theta} + \frac{1}{r}\frac{\partial}{\partial r}(r v_r) + \frac{\partial v_z}{\partial z} = 0 \tag{3.1}$$

$$\frac{\partial v_\theta}{\partial t} + \frac{v_\theta}{r}\frac{\partial v_\theta}{\partial \theta} + v_r \frac{\partial v_\theta}{\partial r} + v_z \frac{\partial v_\theta}{\partial z} + \frac{v_r v_\theta}{r}$$
$$= -\frac{g}{r}\frac{\partial (\eta + h)}{\partial \theta} + \frac{\partial}{\partial z}\left((\nu + \nu_t)\frac{\partial v_\theta}{\partial z}\right) \tag{3.2}$$

3.3. 曲線座標系における流れの基礎方程式

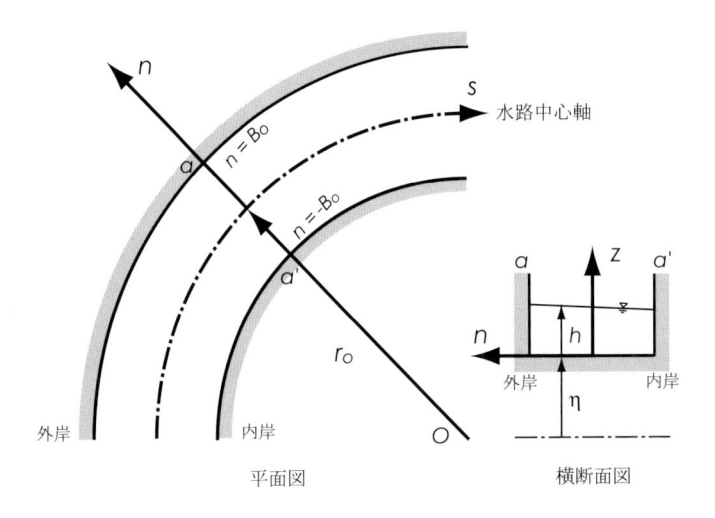

図 3.1 曲線座標系の概念図

$$\frac{\partial v_r}{\partial t} + \frac{v_\theta}{r}\frac{\partial v_r}{\partial \theta} + v_r \frac{\partial v_r}{\partial r} + v_z \frac{\partial v_r}{\partial z} - \frac{v_\theta^2}{r}$$

$$= -g\frac{\partial (\eta + h)}{\partial r} + \frac{\partial}{\partial z}\left((\nu + \nu_t)\frac{\partial v_r}{\partial z}\right) \tag{3.3}$$

$$\frac{\partial v_z}{\partial t} + \frac{v_\theta}{r}\frac{\partial v_z}{\partial \theta} + v_r \frac{\partial v_z}{\partial r} + v_z \frac{\partial v_z}{\partial z} = \frac{\partial}{\partial z}\left((\nu + \nu_t)\frac{\partial v_z}{\partial z}\right) \tag{3.4}$$

次に，図 3.1 に示すような新たな座標系を定義する．すなわち，流路中心軸上に s 軸，これに直交する横断方向に n 軸，この両軸を含む平面の法線方向上向きに z 軸をとることにしよう．いま，流路中心軸に内接する円の半径 (曲率半径) を r_o とし，曲率 C をその逆数と定義すると，次の関係が成り立つ．

$$s = r_o\theta,\ r = r_o + n = r_o(1 + nC),\ C = \frac{1}{r_o} \tag{3.5}$$

参考までに，直線水路内の流れの場合にはこの曲率半径が ∞，曲率が 0 となる．そこで，この式 (3.5) の関係を用いて式 (3.1) から式 (3.4) を書き換え，s-n-z 座標系に対する基礎式は次のようになる．ここでは，各座標軸方向の

速度成分を (u, v, w) とする.

$$\frac{1}{1+nC}\frac{\partial u}{\partial s} + \frac{1}{1+nC}\frac{\partial}{\partial n}\left[(1+nC)v\right] + \frac{\partial w}{\partial z} = 0 \tag{3.6}$$

$$\frac{\partial u}{\partial t} + \frac{u}{1+nC}\frac{\partial u}{\partial s} + v\frac{\partial u}{\partial n} + w\frac{\partial u}{\partial z} + \frac{Cuv}{1+nC}$$
$$= -\frac{g}{1+nC}\frac{\partial (\eta + h)}{\partial s} + \frac{\partial}{\partial z}\left((\nu + \nu_t)\frac{\partial u}{\partial z}\right) \tag{3.7}$$

$$\frac{\partial v}{\partial t} + \frac{u}{1+nC}\frac{\partial v}{\partial s} + v\frac{\partial v}{\partial n} + w\frac{\partial v}{\partial z} - \frac{Cu^2}{1+nC}$$
$$= -\frac{\partial (\eta + h)}{\partial n} + \frac{\partial}{\partial z}\left((\nu + \nu_t)\frac{\partial v}{\partial z}\right) \tag{3.8}$$

$$\frac{\partial w}{\partial t} + \frac{u}{1+nC}\frac{\partial v}{\partial s} + v\frac{\partial w}{\partial n} + w\frac{\partial w}{\partial z} = \frac{\partial}{\partial z}\left((\nu + \nu_t)\frac{\partial w}{\partial z}\right) \tag{3.9}$$

次に,この方程式群に対応する「浅水流方程式」を誘導する.式 (3.7), (3.8) の積分に当たっては,あらかじめこれを保存形に書き換えることになるが,その際には,連続式 (3.6) を変形した次式を適用する.

$$\frac{1}{1+nC}\frac{\partial u}{\partial s} + \frac{\partial v}{\partial n} + \frac{Cv}{1+nC} + \frac{\partial v_z}{\partial z} = 0 \tag{3.10}$$

また,ここで考慮するべき運動学的境界条件は以下のとおりである.

$$w\Big|_H = \frac{\partial H}{\partial t} + \frac{1}{1+nC}\ \ u\Big|_H \times \frac{\partial H}{\partial s} + v\Big|_H \times \frac{\partial H}{\partial n} \tag{3.11}$$

$$w\Big|_\eta = \frac{\partial \eta}{\partial t} + \frac{1}{1+nC}\ \ u\Big|_\eta \times \frac{\partial \eta}{\partial s} + v\Big|_\eta \times \frac{\partial \eta}{\partial n} \tag{3.12}$$

以上の準備の下に,式 (3.6) から式 (3.8) を水路底面から水面まで積分すると次の方程式群が導かれる.

$$\frac{\partial h}{\partial t} + \frac{1}{1+nC}\frac{\partial}{\partial s}\left(\int_\eta^H u\,dz\right)$$
$$+ \frac{1}{1+nC}\frac{\partial}{\partial n}\left((1+nC)\int_\eta^H v\,dz\right) = 0 \tag{3.13}$$

$$\frac{\partial}{\partial t}\left(\int_{\eta}^{H} u\,dz\right) + \frac{1}{1+nC}\frac{\partial}{\partial s}\left(\int_{\eta}^{H} u^2\,dz\right) + \frac{\partial}{\partial n}\left(\int_{\eta}^{H} u\,v\,dz\right)$$
$$+ \frac{2C}{1+nC}\int_{\eta}^{H} u\,v\,dz = -\frac{g\,h}{1+nC}\frac{\partial\,(\eta+h)}{\partial\,s} - \frac{\tau_{os}}{\rho} \qquad (3.14)$$

$$\frac{\partial}{\partial t}\left(\int_{\eta}^{H} v\,dz\right) + \frac{1}{1+nC}\frac{\partial}{\partial s}\left(\int_{\eta}^{H} u\,v\,dz\right) + \frac{\partial}{\partial n}\left(\int_{\eta}^{H} v^2\,dz\right)$$
$$- \frac{C}{1+nC}\int_{\eta}^{H}\left(u^2 - v^2\right)dz = -g\,h\frac{\partial\,(\eta+h)}{\partial\,n} - \frac{\tau_{on}}{\rho} \qquad (3.15)$$

以上の式が曲線座標系における浅水流方程式である．ただし，ここでは式中に水深方向積分を残したままとなっている．さらに，第 1 章と同様に

$$\int_{\eta}^{H} u\,dz = h\,\bar{u}, \quad \int_{\eta}^{H} u^2\,dz = h\,\bar{u}^2, \quad \int_{\eta}^{H} u\,v\,dz = h\,\bar{u}\,\bar{v} \qquad (3.16)$$

の関係を用いて式 (3.13) から式 (3.15) を書き換える．まず，連続式は，

$$\frac{\partial\,h}{\partial\,t} + \frac{1}{1+nC}\frac{\partial\,(h\,\bar{u})}{\partial\,s} + \frac{1}{1+nC}\frac{\partial}{\partial\,n}\left[(1+nC)\,h\,\bar{v}\right] = 0 \qquad (3.17)$$

となる．さらに，これを変形すると，

$$\frac{\partial\,h}{\partial\,t} + \frac{1}{1+nC}\frac{\partial\,(h\,\bar{u})}{\partial\,s} + \frac{\partial\,(h\,\bar{v})}{\partial\,n} + \frac{C}{1+nC}h\,\bar{v} = 0 \qquad (3.18)$$

また，式 (3.14), (3.15) に関しては，

$$\frac{\partial\,h\,\bar{u}}{\partial\,t} + \frac{1}{1+nC}\frac{\partial\,h\,\bar{u}^2}{\partial\,s} + \frac{\partial\,h\,\bar{u}\,\bar{v}}{\partial\,n} + \frac{2C}{1+nC}h\,\bar{u}\,\bar{v}$$
$$= -\frac{g\,h}{1+nC}\frac{\partial\,(\eta+h)}{\partial\,s} - \frac{\tau_{os}}{\rho} \qquad (3.19)$$

$$\frac{\partial\,h\,\bar{v}}{\partial\,t} + \frac{1}{1+nC}\frac{\partial\,h\,\bar{u}\,\bar{v}}{\partial\,s} + \frac{\partial\,h\,\bar{v}^2}{\partial\,n} - \frac{C}{1+nC}h\left(\bar{u}^2 - \bar{v}^2\right)$$
$$= -g\,h\frac{\partial\,(\eta+h)}{\partial\,n} - \frac{\tau_{on}}{\rho} \qquad (3.20)$$

となる．さらに式 (3.18) を用いてこれを変形すると，次の式が導かれる．

$$\frac{\partial \bar{u}}{\partial t} + \frac{1}{1+nC}\bar{u}\frac{\partial \bar{u}}{\partial s} + \bar{v}\frac{\partial \bar{u}}{\partial n} + \frac{C\bar{u}\bar{v}}{1+nC} = -\frac{g}{1+nC}\frac{\partial (\eta + h)}{\partial s} - \frac{\tau_{os}}{\rho h} \tag{3.21}$$

$$\frac{\partial \bar{v}}{\partial t} + \frac{1}{1+nC}\bar{u}\frac{\partial \bar{v}}{\partial s} + \bar{v}\frac{\partial \bar{v}}{\partial n} - \frac{C\bar{u}^2}{1+nC} = -\frac{\partial (\eta + h)}{\partial n} - \frac{\tau_{on}}{\rho h} \tag{3.22}$$

式 (3.18)，(3.21)，(3.22) がここで依拠すべき浅水流方程式である．

3.4　蛇行河川における流れ場の特徴

本節では，蛇行河川の流れについて説明する．この流れの特徴は，流路が湾曲しているために，その曲率半径に応じた遠心力が作用し，結果として強制的に螺旋流が引き起こされることにある．このことを支配方程式を見ながら簡単に考えていくことにしよう．

ここでは，浅水流方程式 (3.17)，(3.21)，(3.22) を参照しつつ，定常状態の流れ場について考える．ただし，$C \equiv 1/r_o$，$r = r_o(1+nC)$ であることを考慮して，若干の修正を加えた次式を用いる．

$$\frac{r_o}{r}\frac{\partial h\bar{u}}{\partial s} + \frac{1}{r}\frac{\partial}{\partial n}(rh\bar{v}) = 0 \tag{3.23}$$

$$\frac{r_o}{r}\bar{u}\frac{\partial \bar{u}}{\partial s} + \bar{v}\frac{\partial \bar{u}}{\partial n} + \frac{\bar{u}\bar{v}}{r} = -g\frac{r_o}{r}\frac{\partial (\eta + h)}{\partial s} - \frac{\tau_{os}}{\rho h} \tag{3.24}$$

$$\frac{r_o}{r}\bar{u}\frac{\partial \bar{v}}{\partial s} + \bar{v}\frac{\partial \bar{v}}{\partial n} - \frac{\bar{u}^2}{r} = -g\frac{\partial (\eta + h)}{\partial n} - \frac{\tau_{on}}{\rho h} \tag{3.25}$$

さて，この支配方程式を見ると，式 (3.25) の左辺第三項に遠心力を表す加速度項があることに気づく．この遠心力は，曲率半径に反比例し，円周の接線方向の流速の二乗に比例する．そこで，流路が急激に曲がっている河川湾曲部では，曲率半径が小さくなるため，より大きな遠心力が作用することになる．さらに，この式 (3.25) を詳しく理解するために，この式中のどの項が支配的であるかについて調べる．蛇行河川の湾曲部を例にとると，この部分の流れにおいては，式 (3.25) の左辺第三項の「遠心力」の項と，右辺第一項

の「水面の横断方向勾配」にかかわる項のオーダーが他の項に比べて大きく，概ねこれらが釣り合うような形で式が満足されることがわかっている．すなわち，

$$-\frac{\bar{u}^2}{r} = -g\frac{\partial (\eta + h)}{\partial n} \tag{3.26}$$

このことは，湾曲部においては，遠心力のために水面が横断方向外岸側に向かって高くなっていることを意味する．さらに，流れそのものを三次元的に見ると，主流速(s軸方向の流速成分)は，本来，水深方向に一様ではなく，水路床（または河床）付近ほど遅く水面付近ほど大きい．それゆえ，ある鉛直面内で比較するならば，水面付近では水路床付近よりも相対的に大きな遠心力が作用していることになる．この結果，水面付近では外岸方向を向き，水路床付近では内岸方向を向いた「螺旋流」が生み出されることになる．これが**第1種二次流**が生み出されるメカニズムである．

　一方，主流速の分布はどのようになっているのであろうか．まず外岸付近に注目すれば，螺旋流は岸にぶつかり水路床に向かってもぐり込むため，この付近では下降流が生じる．そして，この下降流によって，水面付近にあった比較的流速の大きな流体塊が水路床に向かって入り込むため，横断面内の他の位置に比べてこのあたりの主流速は大きくなる．逆に，内岸付近では，上昇流が生じることになり，水路床付近の流速の相対的に小さな流体塊がこの上昇流に乗って水面付近まで運び上げられる．それゆえ，内岸付近の主流速は小さくなる．**図 3.2**，**図 3.3** には吉川・池田・北川 [1] が一様な曲率半径を持つ湾曲水路において行った実験の結果 (RUN F3) を示している．同図中には後述する二つの解析による結果も実線で示してある．これについては後に説明する．この実験値ならびに解析結果は，一様な曲率に見合った流れが十分に発達した区間におけるものである．このような区間では，流速および水深は流下方向には変化しないため，「平衡状態」にあると考えられる．ここでは，まず実測値について見ていく．**図 3.2** の縦軸は，主流速の水深方向平均値 $\bar{u}$ を全断面平均値 U_o で除した無次元流速であり，横軸は横断方向座標 n を水路の半幅で除した無次元座標である．そして，図の右端の $n/B_o = 1$ が外岸を，図の左端の $n/B_o = -1$ が内岸をそれぞれ表す．図中の実験値を表

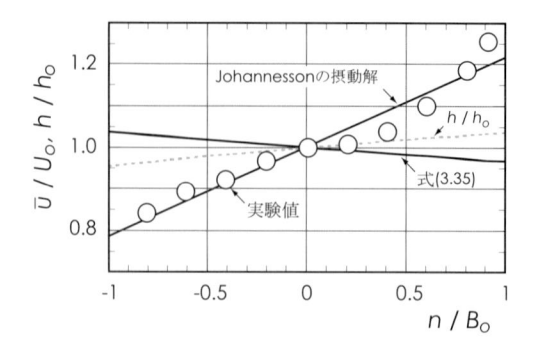

図 3.2 一様湾曲水路における主流速 $\bar{u}$ の横断方向分布（平衡解）

図中の○印は吉川・池田らの実験値 [1]，図中の点線は水深の横断方向分布

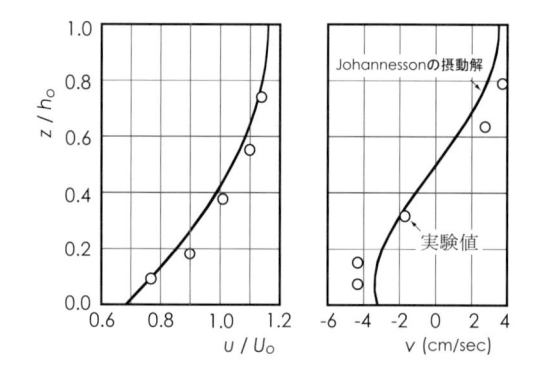

図 3.3 近似解と実験値との比較

す○印を見るとわかるとおり，湾曲部における主流速は，内岸から外岸に向かってほぼ線形的に増加する分布となることがわかる．

また，**図 3.3** には，側壁の影響のない水路中央部における主流速 u，ならびに横断方向流速 v の鉛直分布を示している．図の縦軸は z 座標を平均水深 h_o で除した無次元座標を表している．また，主流速に関しては，断面内平均流速 U_o で除した無次元流速を示している．図中の○印が実測値を表す．この図からも水路床付近で内岸に，水面付近で外岸に向かう二次流が生じてい

ることがわかる．また，一様湾曲水路内の平衡状態の流れの場合には，横断方向流速の水深平均値 $\bar{v}$ が 0 となることにも注意を要する．以上が，蛇行河川の湾曲部における流れの基本的な構造の概略である．

次に，蛇行した実際の河川の平面形状について見てみると，その曲率が一定というわけではなく，流下方向に変化しているのが一般的である．そこで，このような流れについての理解を深めるために，次のような解析が行われてきた．すなわち，水路中心軸が谷線となす角度 θ が流下方向座標 s の関数として

$$\theta = \theta_o \sin(k s) \quad (3.27)$$

と表される水路について考える．ここに，θ_o は角度の振幅，k は波数である．このような関数で表される曲線を "sine-generated curve" と呼ぶ．実河川では，流路変動が大幅に進んで，流路が途中で短絡（ショートカット）を起こすところまで進んでしまうことがあり，この場合にはその限りではないが，それより前の段階についていえば，その流路の平面形状は概ねこの曲線で近似できるといわれている．

さて，このような流路における流れについて見ていこう．図 3.4 には，清水 [2] によって行われた実験結果と浅水流方程式に依拠した数値計算の結果を示した．この実験は第 11 章で説明するような移動床実験であり，流れと河床変動とが相互に影響を及ぼし合いながら変化が進行し，定常状態に達することになる．図 3.4 には，その定常状態の結果が示されているが，この図より次のような特徴を見てとることができる．まず，流速ベクトルについては，湾曲部の内岸の少し下流側で低流速域が現れ，その外岸の曲頂のやや下流側で高流速の流れが岸にぶつかるように生じていることがわかる．河床は，この低流速域で砂州を形成して浅瀬となり，高流速域で洗掘が生じて深みとなることがわかる．後述するとおり，この河床洗掘が生じる位置付近で側岸の浸食が生じる恐れがある．このような数値計算については，第 11 章で詳しく説明するが，3.3 節で誘導した浅水流方程式を数値的に解くことで，図 3.4 に示されるように実現象をかなりのところまで再現することができる．

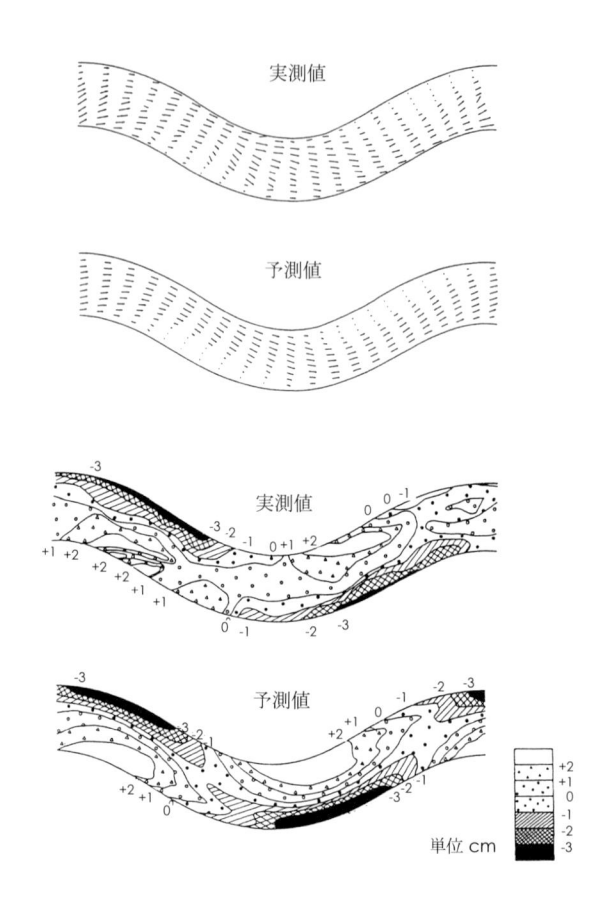

図の上段が流速ベクトル，下段が水路床高の等値線図

図 3.4 蛇行水路内の流れと河床変動 [2]

3.5 浅水流方程式の問題

　本節では，浅水流方程式に依拠し流れ場の解析を行う際の問題点について簡単にふれておくことにする．

　ここでは，前節で解説した一様湾曲流路の流れについて改めて考えること

3.5. 浅水流方程式の問題

にし，水路床は s 軸方向にのみ一様勾配 i_o で傾いた平坦床とし，その横断面形状は長方形であるとする．この場合の支配方程式は前出の式 (3.23) から式 (3.25) である．検討に際して，問題をさらに単純化し，流れが流下方向に十分発達し，その曲率に見合った平衡な状態に達しているものとする．なお，この状態とは，直線水路における等流と同様の意味を持ち，この場合には，流速ならびに水深の流下方向微分が 0 となる．この条件下で式 (3.23) を整理すると，

$$\frac{d}{dn}\left(\frac{1+nC}{C}h\bar{v}\right) = 0 \tag{3.28}$$

となる．この式を n について解き，両側壁の位置 $n/B_o = \pm 1$ で壁を通り抜ける流れがない，すなわち $\bar{v} = 0$ とすると，n によらず $\bar{v} = 0$ であることがわかる．これは実測結果である**図 3.3** からも理解されよう．次に，これを踏まえて式 (3.24) を整理すると，

$$\tau_{os} = \frac{\rho g h i_o}{1+nC} \tag{3.29}$$

となる．ここに，i_o は $-\partial \eta / \partial s$ で定義される水路床の流下方向勾配であり，n は外岸方向を正にとった横断方向座標である．また，式 (3.25) を整理すると次のようになる．

$$\frac{dh}{dn} = \frac{1}{g}\frac{C}{1+nC}\bar{u}^2 \tag{3.30}$$

ここでは，$\partial \eta / \partial n = 0$ であることを考慮した．また，$\bar{v} = 0$ であることから，底面せん断力の二成分が次のように表されるものとした．

$$(\tau_{os}, \tau_{on}) = \rho C_f \times (\bar{u}^2, 0) \tag{3.31}$$

次に，この式 (3.29) と式 (3.31) とから，

$$\bar{u}^2 = \frac{1}{C_f}\frac{g h i_o}{1+nC} \tag{3.32}$$

となり，これを式 (3.30) に代入して整理すると，次のようになる．

$$\frac{dh}{dn} = \frac{i_o}{C_f}\frac{C}{(1+nC)^2}h \tag{3.33}$$

この式 (3.33) を h について解くことは容易である．水路中心軸上の $n = 0$ における水深を h_o とすれば，

$$h = h_o \times e^{\frac{i_O}{C_f} \frac{nC}{1+nC}} \tag{3.34}$$

となる．さらに，この h についての関数関係を式 (3.32) に代入すれば，$\bar{u}$ に関する式は次のように求めることができる．

$$\bar{u} = u_o^\star \times \sqrt{\frac{1}{C_f} \frac{1}{1+nC}} \times e^{\frac{i_O}{C_f} \frac{nC}{1+nC}} \tag{3.35}$$

ここに，$u_o^\star$ は水路中心軸上の摩擦速度である．

この関係を図示した一例が前出の図 3.2 中の点線および実線である．図中には式 (3.35) の関係に加えて，後述する Johannesson (ヨハネッソン) らの摂動解 [3] を実線で示してある．この図より，浅水流方程式に基づいて導かれた解は，(1) 水路外岸に向かって水深 h が単調に増大する，(2) 水路外岸に向かうほど主流速 $\bar{u}$ が小さくなる，という傾向を示す．前者は既に説明したとおり現実に即した解であるということができる．これに対して，主流速 $\bar{u}$ の解は図 3.2 よりわかるとおり，明らかに異なる傾向を示す．このような結果を招いた原因について考えると，これは主として，式 (3.16) の第三式が，

$$\int_\eta^H uv\,dz \neq h\bar{u}\bar{v} \tag{3.36}$$

であることによる．なぜならば，この積分は同一高さの点における u と v を相互にかけ合わせた値の積分値であり，図 3.3 に示した各々の分布形から判断してこれが 0 とならないことは容易に想像がつく．そもそもこの積分値は，主流と二次流との相互作用による運動量交換の影響を表し，河川湾曲部の流れにおいてはこの運動量交換の効果を無視することはできない．しかし，浅水流方程式に依拠した前述の解析の場合には $\bar{v} = 0$ となるため，この効果を考慮に入れることができないのである．

以上のことからわかるとおり，浅水流方程式に依拠した解析をより精度良く行うためには，上記の運動量交換の効果を別途考慮することが必要となる．この点に注意されたい．

Advanced 流れ場に関する近似解

河川湾曲部の流れを浅水流方程式に基づいて解析する場合には，主流と二次流との相互作用の効果を適切に考慮することが必要であることを説明した．ここでは，この効果をとり入れた解析の一例として，Johannesson and Parker[3] の解析について紹介する．Johannesson らは，摂動展開法を用いて蛇行河川における流れを準三次元的に解くことで，その流れの内部機構を解き明かして見せた．最後にこれについて簡単にふれてくことにする．ただし，以下の内容はかなり高度で難解でもあるので，必要に応じてこの部分を省略して次章へ進むことをお勧めする．

解析に当たって，主流速 u ならびに横断方向流速 v を次のように定義する．

$$u = T(\zeta) \times \bar{u}, \quad v = T(\zeta) \times \bar{v} + \nu \tag{3.37}$$

ここに，式 (3.37) 中の ζ は，水路床から上方にとった座標 z をその断面の水深 h で除した無次元座標であり，$\zeta \equiv z/h$ と定義される．この定式化によれば，$\bar{u}$ および $\bar{v}$ は s および n の関数であるとされ，ν のみが ζ の関数となる．そして，ν は $T \times \bar{v}$ では表しきれない横断方向流速成分の残差を表す．また，関数 $T(\zeta)$ は水深方向の主流速分布を表す相似関数である．このように，分布関数 $T(\zeta)$ を導入しつつ流れの水深方向分布までを評価しようとする解析を「準三次元解析」と呼び，Johannesson らの解析もこれに当たる．ただし，関数 T および変数 ν に関しては，その定義から以下の条件を満足する必要がある．

$$\int_0^1 T(\zeta)\,d\zeta = 1, \quad \int_0^1 \nu\,d\zeta = 0 \tag{3.38}$$

このような準備の下に，式 (3.37) を式 (3.14) に代入し整理すると，s 軸方向の浅水流方程式に代わる式として次の関係が導かれる．

$$\begin{aligned}
&\frac{\partial h\bar{u}}{\partial t} + \frac{\overline{T^2}}{1+nC}\frac{\partial h\bar{u}^2}{\partial s} + \overline{T^2}\frac{\partial h\bar{u}\bar{v}}{\partial n} + \frac{\partial}{\partial n}\left(h\bar{u}\,\overline{T\nu}\right) \\
&\quad + \frac{2C}{1+nC}\left(\overline{T^2}h\bar{u}\bar{v} + h\bar{u}\,\overline{T\nu}\right) \\
&= -\frac{gh}{1+nC}\frac{\partial(h+\eta)}{\partial s} - \frac{\tau_{os}}{\rho}
\end{aligned} \tag{3.39}$$

この式の誘導に当たっては，以下の関係を用いた．

$$\int_\eta^H u\,dz = \int_\eta^H T\,\bar{u}\,dz = \bar{u}\int_0^1 T(\zeta)\,h\,d\zeta = h\,\bar{u}$$

$$\int_\eta^H u^2\,dz = \int_\eta^H (T\,\bar{u})^2\,dz = \bar{u}^2\int_0^1 T^2(\zeta)\,h\,d\zeta = \overline{T^2}\,h\,\bar{u}^2 \qquad (3.40)$$

$$\int_\eta^H uv\,dz = \int_\eta^H T\,\bar{u}\times(T\,\bar{v}+\nu)\,dz = \overline{T^2}\,h\,\bar{u}\,\bar{v} + h\,\bar{u}\,\overline{T\nu}$$

さらに，この式を無次元化するために，解析対象となる流れ場における平均流速 $\tilde{U}_o$，平均水深 $\tilde{h}_o$，水路半幅 $\tilde{B}_o$ を用いることにし，次のような無次元変数を導入する．すなわち，

$$\begin{aligned}
\hat{s} &\equiv \frac{s}{\tilde{B}_o},\quad \hat{n} \equiv \frac{n}{\tilde{B}_o},\quad \hat{t} \equiv \frac{t\tilde{U}_o}{\tilde{B}_o},\quad \hat{C} \equiv C\,\tilde{B}_o,\\
\hat{u} &\equiv \frac{\bar{u}}{\tilde{U}_o},\quad \hat{v} \equiv \frac{\bar{v}}{\tilde{U}_o},\quad \hat{\nu} \equiv \frac{\bar{\nu}}{\tilde{U}_o},\quad F_r \equiv \frac{U_o}{\sqrt{g\tilde{h}_o}},\\
\hat{\eta} &\equiv \frac{\eta}{\tilde{h}_o},\quad \hat{h} \equiv \frac{h}{\tilde{h}_o},\quad r_a \equiv \frac{\tilde{h}_o}{\tilde{B}_o}
\end{aligned} \qquad (3.41)$$

この無次元変数を用いて式 (3.39) を書き換えると，次のような無次元方程式を得ることができる．

$$\begin{aligned}
&\frac{\partial \hat{h}\hat{u}}{\partial \hat{t}} + \overline{T^2}\left(\frac{1}{1+\hat{n}\hat{C}}\frac{\partial \hat{h}\hat{u}^2}{\partial \hat{s}} + \frac{\partial \hat{h}\hat{u}\hat{v}}{\partial \hat{n}}\right)\\
&\quad + \frac{\partial}{\partial \hat{n}}\left(\hat{h}\,\hat{u}\,\overline{T\hat{\nu}}\right) + \frac{2\hat{C}}{1+\hat{n}\hat{C}}\left(\overline{T^2}\,\hat{h}\,\hat{u}\,\hat{v} + \hat{h}\,\hat{u}\,\overline{T\hat{\nu}}\right)\\
&= -\frac{1}{1+\hat{n}\hat{C}}\frac{\hat{h}}{F_r^2}\frac{\partial\left(\hat{h}+\hat{\eta}\right)}{\partial s} - \frac{C_f}{r_a}\sqrt{\hat{u}^2+\hat{v}^2}\,\hat{u}
\end{aligned} \qquad (3.42)$$

この式の誘導の際には次の関係を用いている．

$$\frac{B_o}{h_o U_o^2} \times \frac{\tau_{os}}{\rho} = \frac{C_f}{r_a}\sqrt{\hat{u}^2+\hat{v}^2} \qquad (3.43)$$

連続式 (3.13) についても同様に書き換えると，次のようになる．

$$\frac{\partial \hat{h}}{\partial \hat{t}} + \frac{1}{1+\hat{n}\hat{C}}\frac{\partial \hat{h}\hat{u}}{\partial \hat{s}} + \frac{\partial \hat{h}\hat{v}}{\partial \hat{n}} + \frac{\hat{C}\,\hat{u}\,\hat{v}}{1+\hat{n}\hat{C}} = 0 \qquad (3.44)$$

3.5. 浅水流方程式の問題

式 (3.44) を用いて式 (3.42) をさらに整理すると，次の式が導かれる．

$$\frac{\partial \hat{u}}{\partial \hat{t}} + \overline{T^2}\left(\frac{1}{1+\hat{n}\hat{C}}\hat{u}\frac{\partial \hat{u}}{\partial \hat{s}} + \hat{v}\frac{\partial \hat{u}}{\partial \hat{n}}\right)$$
$$+ \frac{1}{\hat{h}}\frac{\partial}{\partial \hat{n}}\left(\hat{h}\,\hat{u}\,\overline{T\,\hat{\nu}}\right) + \frac{\hat{C}}{1+\hat{n}\hat{C}}\left(\overline{T^2}\,\hat{u}\hat{v} + 2\,\hat{u}\,\overline{T\,\hat{\nu}}\right)$$
$$= -\frac{1}{1+\hat{n}\hat{C}}\frac{1}{F_r^2}\frac{\partial \left(\hat{h}+\hat{\eta}\right)}{\partial s} - \frac{C_f}{r_a}\frac{1}{\hat{h}}\sqrt{\hat{u}^2+\hat{v}^2}\,\hat{u} \quad (3.45)$$

横断方向の運動方程式については，式 (3.15) を基に同様の手続きを経て，次のような式が導かれる．

$$\frac{\partial \hat{v}}{\partial \hat{t}} + \overline{T^2}\left(\frac{1}{1+\hat{n}\hat{C}}\hat{u}\frac{\partial \hat{v}}{\partial \hat{s}} + \hat{v}\frac{\partial \hat{v}}{\partial \hat{n}}\right) + \frac{1}{1+\hat{n}\hat{C}}\frac{1}{\hat{h}}\frac{\partial}{\partial \hat{s}}\left(\hat{h}\,\hat{u}\,\overline{T\,\hat{\nu}}\right)$$
$$+ \frac{1}{\hat{h}}\frac{\partial}{\partial \hat{n}}\left(2\,\hat{h}\,\hat{v}\,\overline{T\,\hat{\nu}} + \hat{h}\,\overline{\hat{\nu}^2}\right) - \frac{\hat{C}}{1+\hat{n}\hat{C}}\left(\overline{T^2}\,\hat{u}^2 - 2\,\hat{v}\,\overline{T\,\hat{\nu}} - \overline{\hat{\nu}^2}\right)$$
$$= -\frac{1}{F_r^2}\frac{\partial \left(\hat{h}+\hat{\eta}\right)}{\partial n} - \frac{C_f}{r_a}\frac{1}{\hat{h}}\sqrt{\hat{u}^2+\hat{v}^2}\,\hat{v} \quad (3.46)$$

次に，無次元曲率の最大値 Ψ_o (最小曲率半径を $r_{\min}$ として $\Psi_o \equiv \tilde{B}_o/r_{\min}$) を摂動展開のパラメータとして，上記の無次元変数を以下のように展開する．Ψ_o が微小量であるため，ここでは Ψ_o の一次のオーダーの項までで打ち切るものとし，これより高次の項についてはこれを無視する．なお，ここでは簡単化のため固定床上の流れについて考える．

$$\begin{aligned}
\hat{u} &= u_o + \Psi_o u_1 + \cdots \\
\hat{v} &= 0 + \Psi_o v_1 + \cdots \\
\hat{\nu} &= 0 + \Psi_o \nu_1 + \cdots \\
\hat{h} &= 1 + \Psi_o h_1 + \cdots \\
\hat{\eta} &= \eta_o + \Psi_o 0 + \cdots \\
\hat{C} &= 0 + \Psi_o \sigma(s) + \cdots
\end{aligned} \quad (3.47)$$

以上の準備の下に，式 (3.47) を式 (3.44) から式 (3.46) に代入して整理し，Ψ_o の 0 次および一次のオーダーの式を誘導する．結果のみ示すと，まず，Φ_o^0

のオーダーの式は次のようになる．ただし，式 (3.46) に関しては，このオーダーの項が存在しないため，関係式は存在しない．

$O[\Psi_o^0]:$

$$\frac{\partial u_o}{\partial \hat{s}} = 0 \tag{3.48}$$

$$\frac{\partial u_o}{\partial \hat{t}} + \overline{T^2} u_o \frac{\partial u_o}{\partial \hat{s}} = -\frac{1}{F_r^2}\frac{\partial \eta_o}{\partial \hat{s}} - \frac{C_f}{r_a} u_o^2 \tag{3.49}$$

この 0 次のオーダーの式は，式 (3.47) の展開の仕方から，直線水路の等流状態の流れに対応している．すなわち，これらを整理し，

$$u_o = 1; \quad 0 = -\frac{1}{F_r^2}\frac{\partial \eta_o}{\partial \hat{s}} - \frac{C_f}{r_a} \tag{3.50}$$

とした上で，第二式を次元を持った関係式に戻せば，

$$g\tilde{h}_o i_o = C_f \tilde{U}_o^2 \tag{3.51}$$

となり，等流状態において重力とせん断力が釣り合うことを表している．

さて，次に，ここでの問題の本質を表す Ψ_o^1 のオーダーの式について話を進めよう．Ψ_o^1 のオーダーの方程式群は，いくつかの式の展開を経て最終的には以下のようになる．

$O[\Psi_o^1]:$

$$\frac{\partial h_1}{\partial \hat{t}} + \frac{\partial h_1}{\partial \hat{s}} + \frac{\partial u_1}{\partial \hat{s}} + \frac{\partial v_1}{\partial \hat{n}} = 0 \tag{3.52}$$

$$\frac{\partial u_1}{\partial \hat{t}} + \overline{T^2}\frac{\partial u_1}{\partial \hat{s}} + \frac{\partial \overline{T\nu_1}}{\partial \hat{n}}$$
$$= -\frac{1}{F_r^2}\frac{\partial h_1}{\partial \hat{s}} + \frac{\hat{n}\sigma}{F_r^2}\frac{\partial \eta_o}{\partial \hat{s}} - \frac{C_f}{r_a}(2u_1 - h_1 + \hat{n}\sigma) \tag{3.53}$$

$$\frac{\partial v_1}{\partial \hat{t}} + \overline{T^2}\left(\frac{\partial v_1}{\partial \hat{s}} - \sigma\right) + \frac{\partial \overline{T\nu_1}}{\partial \hat{s}} = -\frac{1}{F_r^2}\frac{\partial h_1}{\partial \hat{n}} - \frac{C_f}{r_a} v_1 \tag{3.54}$$

そこで，以下，この式 (3.52) から式 (3.54) を基に，一様湾曲流路における十分発達した平衡状態の流れ (fully developed bend flow) について考えていく．

なお，このような条件を満足する流れに対しては各変数の時間微分が0となるばかりでなく，

$$\sigma = 1; \quad \frac{\partial h_1}{\partial \hat{s}} = \frac{\partial u_1}{\partial \hat{s}} = \frac{\partial v_1}{\partial \hat{s}} = \frac{\partial \overline{T\nu_1}}{\partial \hat{s}} = v_1 = 0 \qquad (3.55)$$

が成り立つ．また，式 (3.50) の第二式の関係を考慮に入れると，式 (3.53) および式 (3.54) は次のように書き換えられる．なお，式 (3.52) は上記の条件から既に満足されている．

$$\frac{\partial \overline{T\nu_1}}{\partial \hat{n}} = -\frac{C_f}{r_a}\left(2u_1 - h_1 + \hat{n}\right) \qquad (3.56)$$

$$-\overline{T^2} = -\frac{1}{F_r^2}\frac{\partial h_1}{\partial \hat{n}} \qquad (3.57)$$

以上の結果から，一次のオーダーの解は次のように書き表される．

$$h_1 = F_r^2 \overline{T^2} \hat{n} \qquad (3.58)$$

$$u_1 = \frac{1}{2}\left\{\left(F_r^2 \overline{T^2} - 1\right)\hat{n} - \frac{C_f}{r_a}\frac{\partial \overline{T\nu_1}}{\partial \hat{n}}\right\} \qquad (3.59)$$

そこで，式 (3.41) および式 (3.47) の定義に従って，次元を持った主流速 $\bar{u}$ および水深 h の形に書き換えると，最終的には次に関係が得られる．

$$h = \tilde{h}_o \left(1 + \Psi_o F_r^2 \overline{T^2} \frac{n}{\tilde{B}_o}\right) \qquad (3.60)$$

$$\bar{u} = \tilde{U}_o \left[1 + \frac{\Psi_o}{2}\left\{\left(F_r^2 \overline{T^2} - 1\right)\frac{\hat{n}}{\tilde{B}_o} - \frac{C_f}{r_a}\frac{\partial \overline{T\nu_1}}{\partial \hat{n}}\right\}\right] \qquad (3.61)$$

$\overline{T^2}$ が水理学上で用いられる運動量補正係数と同じ意味を持ち，ほぼ 1 に近い値をとることを考慮に入れて式 (3.60), (3.61) を見ていく．

この式 (3.60) は，水深が外岸に向かって線形的に大きくなることを表し，実験の結果とも一致する．また，主流速に関しては，主流と二次流との相互作用を表すパラメータ $\overline{T\nu_1}$ を定式化することが必要であるが，一般にこのパラメータは正の値をとり，両側岸に向かうにつれて小さな値をとることが予想される．そこで，流路の内岸側半分では $\partial \overline{T\nu_1}/\partial \hat{n} \geq 0$，外岸側半分では $\partial \overline{T\nu_1}/\partial \hat{n} \leq 0$ となると考えられる．そこで，式 (3.61) の括弧内に注目する

と,その第三項が,内岸側では負,外岸側では正の値をそれぞれとるものと推察される.一方,同じく第二項を見ると,ここで対象とする常流の流れではこの項は$\hat{n}$の減少関数となり,外岸側よりも内岸側のほうが大きな値をとることがわかる.このことを踏まえて,図 3.2 の実験データに現れている「主流速は外岸に向かって増大する」という傾向について考察すると,式 (3.61) の括弧内の第三項が第二項に比べて支配的であることが理解される.このことは,主流速分布が二次流に伴う運動量交換の影響を顕著に受けることを意味し,これを無視することは適切でないことに注意を要する.

ここでは,これ以上の説明を省略するが,Johannesson らはこの $\overline{T\nu_1}$ の横断方向分布にかかわる第三項を評価する式も導いており,これを考慮に入れた式 (3.61) は,図 3.2 に実線で示されたような関係となる.この図より,河川湾曲部の流れに関する解析においては,運動量交換を表す項の影響が重要であることがわかる.

参考文献

[1] 吉川秀夫,池田駿介,北川 明:弯曲水路の河床変動について,土木学会論文報告集,第 251 号,1976.
[2] 清水康行:沖積河川における流れと河床変動の予測手法に関する研究,開発土木研究所報告,1991.
[3] Johannesson, H. and Parker, G. : Secondary Flow in a Mildly Sinuous Channel, Journal of Hydraulic Engineering, ASCE, Vol.115, No.3, 289-308, 1989.

第4章

開水路流れの乱流構造

4.1 概説

　水理学のテキストを見ると，乱流状態にある開水路流れの場合には，その流速の水深方向分布が**対数分布則**に従うことが説明されている．しかし，これは水路側壁から十分に離れた鉛直断面内でのことであり，側壁の影響が無視できないような断面では流速は必ずしもこの分布に従わない．これは，流れ場全体が水路底面のみならず側壁面に作用する摩擦力の影響によるものであり，両者の影響を受けた形で実際の流速分布は決まっている．そこで，河川における土砂移動やそれに伴う地形変動について考えるとき，開水路流れに関するさらなる理解が必要であるといえよう．

　本章では，土砂移動と地形変動にかかわりを持つ部分を中心として，開水路乱流の基礎的な情報を整理し解説することを目的とする．そのため，「長方形の横断面形状を持つ直線水路における平衡状態の流れ」に焦点を当て，これ以外については説明を省略した．開水路乱流についてさらに詳しく知りたいとする読者は，Nezu and Nakagawa[1] によってまとめられた解説書を手にとり，独習することをお勧めする．

4.2 底面せん断力の評価方法

4.2.1 レイノルズ応力とせん断力分布

鉛直二次元の流れ場におけるレイノルズ応力とせん断力の関係について考えることから議論を始めることにする．ここでも第1章と同様に，流下方向にx軸，水深方向にz軸をとり，各々の方向の速度成分をuおよびwとする．また，各成分を時間平均値と変動値とに分け，次のように定義する．

$$u \equiv \bar{u} + u', \ w \equiv \bar{w} + w' \tag{4.1}$$

これをナビエ・ストークス方程式に代入して時間平均化操作を施すと，レイノルズ方程式が導かれる．これについては既に述べた．いま，この式を定常状態の流れに適用すると，次式のようになる．

$$\bar{u}\frac{\partial \bar{u}}{\partial x} + \bar{w}\frac{\partial \bar{u}}{\partial z} = g\sin\theta - \frac{1}{\rho}\frac{\partial \bar{p}}{\partial x}$$
$$+ \frac{\partial\left(-\overline{u'^2}\right)}{\partial x} + \frac{\partial\left(-\overline{u'w'}\right)}{\partial z} + \nu\left(\frac{\partial^2 \bar{u}}{\partial x^2} + \frac{\partial^2 \bar{u}}{\partial z^2}\right) \tag{4.2}$$

$$\bar{u}\frac{\partial \bar{w}}{\partial x} + \bar{w}\frac{\partial \bar{w}}{\partial z} = -g\cos\theta - \frac{1}{\rho}\frac{\partial \bar{p}}{\partial z}$$
$$+ \frac{\partial\left(-\overline{u'w'}\right)}{\partial x} + \frac{\partial\left(-\overline{w'^2}\right)}{\partial z} + \nu\left(\frac{\partial^2 \bar{w}}{\partial x^2} + \frac{\partial^2 \bar{w}}{\partial z^2}\right) \tag{4.3}$$

さらに，平衡状態を想定し$\partial/\partial x = \bar{w} = 0$とすると，この二式は次のように単純化される．

$$0 = g\sin\theta + \frac{\partial\left(-\overline{u'w'}\right)}{\partial z} + \nu\frac{\partial^2 \bar{u}}{\partial z^2} \tag{4.4}$$

$$0 = -g\cos\theta - \frac{1}{\rho}\frac{\partial \bar{p}}{\partial z} + \frac{\partial\left(-\overline{w'^2}\right)}{\partial z} \tag{4.5}$$

さて，式(4.5)を$z = z$から$z = h$まで積分すると以下の式が導かれる．

$$\left.\frac{\bar{p}}{\rho}\right|_z = g(h-z)\cos\theta + \left(\overline{w'^2}|_h - \overline{w'^2}|_z\right) \tag{4.6}$$

ここで，後述する乱れ強度の差を表す右辺第二項を無視すれば，式 (4.6) は静水圧分布を表す式にほかならない．また，式 (4.4) を同様に積分すると，

$$\left(-\overline{u'w'} + \nu \frac{\partial \bar{u}}{\partial z}\right)\bigg|_z \equiv \left(\frac{\tau}{\rho}\right)\bigg|_z$$
$$= g(h-z)\sin\theta + \left(-\overline{u'w'} + \nu \frac{\partial \bar{u}}{\partial z}\right)\bigg|_h \quad (4.7)$$

となる．そこで，右辺第二項を無視することにし，各辺に ρ を乗じると

$$\left(-\rho\overline{u'w'} + \mu \frac{\partial \bar{u}}{\partial z}\right)\bigg|_z \equiv \tau\bigg|_z = \rho g(h-z)\sin\theta \quad (4.8)$$

となる．したがって，底面 ($z = 0$) におけるせん断力を τ_o，底面から z の位置におけるせん断力を τ とすると，以下のような関係が成り立つ．

$$\tau_o = gh\sin\theta \quad (4.9)$$
$$\tau\big|_z = \tau_o \times \left(1 - \frac{z}{h}\right) \quad (4.10)$$

実測結果によると，流水中のせん断力分布は式 (4.10) で表されるように底面で最大値，水面で 0 となり，この間を線形的に変化することが明らかになっている．さらに，乱流混合に伴うせん断力 (すなわちレイノルズ応力) を表す式 (4.8) の左辺第一項と，粘性によるせん断力を表す左辺第二項とを比較すると，次のような特徴があることがわかっている．すなわち，

- 底面近傍の薄い層 (粘性底層) 内では，粘性によるせん断が支配的であり，乱流混合によるせん断は無視できる．
- この層の上縁から水面にかけての区域では，乱流混合によるせん断力が卓越し，粘性によるせん断は無視しても差し支えない．

4.2.2 抵抗則—数値解析における底面せん断力の評価法—

壁面せん断力の評価には，実測結果に基づき導かれた次のような関係式を適用するのが一般的である．平均流速 U と底面せん断力 τ_o と間には，

$$\tau_o = \rho C_f U^2 \quad (4.11)$$

によって表される関係がある．このような関係を**抵抗則**と呼ぶことがある．
これについては式 (2.4) として既に述べており，C_f を抵抗係数と呼ぶ．この
抵抗係数は，水理学における摩擦損失係数 f' と同じ意味を持ち，$C_f = f'/2$
の関係にある．

ところで，水理学では断面内の平均流速を評価する経験公式，いわゆる**平均流速公式**が，いくつも提案されている．いま，この平均流速公式のいずれかを適用することにすれば，上記の抵抗係数を表す関係式を導くことができる．すなわち，

- マニングの平均流速公式を適用すると，次の関係式が導かれる．

$$C_f = \frac{g\,n^2}{h^{1/3}}, \quad \tau_o = \rho\,\frac{g\,n^2}{h^{1/3}} \times U^2 \tag{4.12}$$

ここに，n はマニングの粗度係数である．ここでは，水深に比べて幅が十分大きいものとして径深 R を水深 h に置き換えてある．

- 流速分布が対数分布則に従うとすれば，断面平均流速 U は次のように書き表される．

$$\frac{U}{u^\star} = \frac{1}{\kappa}\,\log_e\left(11\frac{h}{k_s}\right) \tag{4.13}$$

そこで，この式を変形すると，次のような関係式が得られる．

$$C_f = \left[\frac{1}{\kappa}\,\log_e\left(11\frac{h}{k_s}\right)\right]^{-2}, \quad \tau_o = \rho U^2 \left[\frac{1}{\kappa}\,\log_e\left(11\frac{h}{k_s}\right)\right]^{-2} \tag{4.14}$$

ここに，k_s は河床面の相当粗度高さである．

式 (4.12), (4.13), (4.14) に現れた C_f, n および k_s はいずれも流れに対する抵抗の大きさを表すパラメータである．河川における流れ場を予測する場合には，一般に，マニングの粗度係数を与えて式 (4.12) によりせん断力を評価することが多い．

参考

乱流計測による底面せん断力の評価方法について，以下に箇条書きの形でまとめておく．

(a) 等流状態を仮定して，$\tau_o = \rho g h i_o$ により求める．この関係は力の釣り合い式，あるいは浅水流方程式から導かれる．ここに，i_o は水路床勾配である．擬似等流の場合もこの

関係を近似的に用いることがあるが，そのときはエネルギー勾配を用いる．また，水路の幅が十分広くない場合には，水深 h の代わりに径深 R を用いる．

(b) 時間平均流速 u の水深方向分布が計測されている場合には，これが対数分布則に従うとして式中の摩擦速度 $u^\star$ を求め，せん断力に換算する．

(c) レイノルズ応力 $-\overline{u'w'}$ が計測されている場合には，この分布が水面で 0，底面で最大となる線形分布をとることから，底面での値を外挿して求める．

(d) 粘性底層内の流速分布が計測できる場合には，これが線形分布となることを考慮して求める．

(e) Preston(プレストン) 管を用いた方法によりせん断力の直接計測を行う．

このうち，(b) と (c) の方法が比較的よく用いられている．

4.3 乱れの統計的性質

4.3.1 開水路流れの内部構造

本節では，開水路における等流状態の流れを対象として行われた乱流計測の結果を紹介し，その乱流構造について解説する．

まず最初に，横断面内の流れの内部構造について簡単に見ておくことにしよう．図 4.1 には，直線水路において計測された流速の実測結果が示されている．ここでは，水深が水路の幅の 1/2 倍になるように設定された場合を例に説明する．ただし，横断面内の対称性を考慮して，水路中心軸 (ここでは，$y/h = 0$) の左半分の結果のみ示す．図中の (a) には主流速の時間平均値の等値線図 (コンター図) を，(b) には横断面内の二次流ベクトル図を，(c), (d) には乱れ強度の x および z 軸方向成分の等値線図を，それぞれ示している．まず，(a) の主流速の時間平均値の等値線図を見ると，次のことが理解されよう．すなわち，(1) 水の粘性の影響によって，底面ならびに側面の近傍では流速が小さく，これらの壁面から離れるにつれて流速が増大している．(2) 底面と側面の両方の摩擦の影響を受けるため，図の水路中心軸 $(y/h = 0)$ 上の水面付近の流速が低下し，鉛直面内の最大流速発生位置が水面下に没している．この場合の流速の鉛直方向分布は，明らかに後述する対数分布則からはずれている．

次に，このような主流速分布の特徴と二次流のパターンとの関係について見ておく．(b) の二次流のベクトル図を見ると，$(y/h, z/h) = (-0.45, 0.8)$

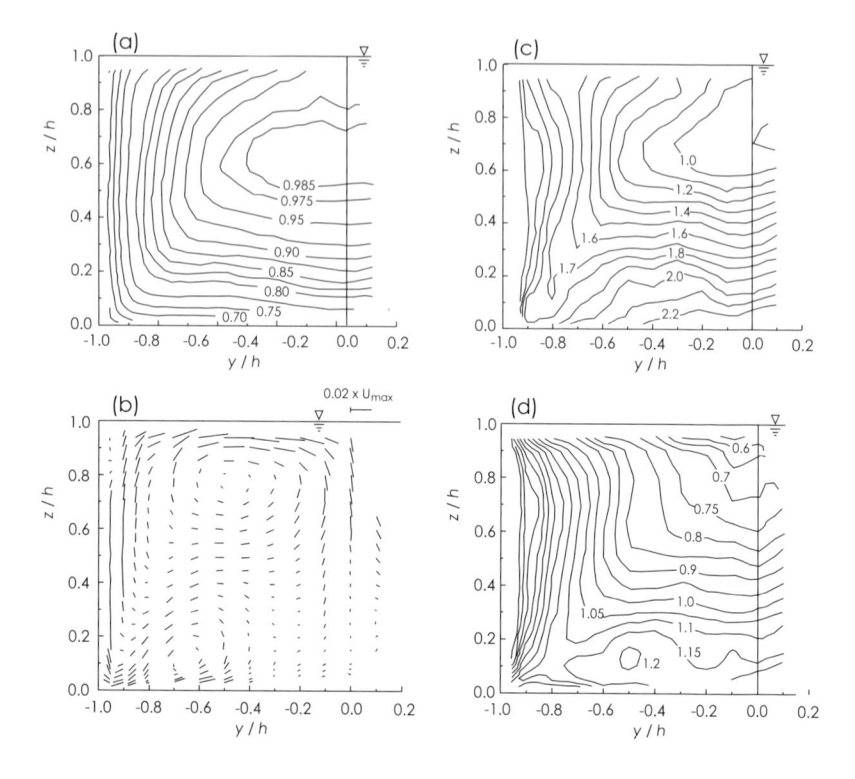

図 4.1 開水路流れの乱流構造 [1]
(a) 主流速の等値線図, (b) 二次流ベクトル図, (c) 乱れ強度 $\sqrt{u'^2}$ の等値線図, (d) 乱れ強度分布 $\sqrt{w'^2}$ の等値線図

付近と $(-0.65, 0.1)$ 付近にそれぞれの中心を持つ二つの大きなセルが形成されていることがわかる．このうち，前者のセルは，側壁 $(y/h = -1.0)$ 付近で上昇流，水路中心軸上で下降流を生み出し，側壁付近の比較的低速の水塊を中心軸上の水面直下付近に運ぶ役割を担っている．このことが，水路中心軸上であっても，主流の最大流速発生位置が水面下に没してしまう原因である．
また，**図 4.1(c), (d)** には u' ならびに w' についての乱れ強度の等値線図を示している．乱れ強度の定義は以下のとおりである．乱れの時系列データをある時間間隔にわたってサンプリングし，それを統計処理すると，その確

率分布特性が理解される．この乱れデータの場合にはその生起確率分布が概ね正規分布に従うことがわかっている．このような正規分布を特徴づけるパラメータは，平均値と標準偏差であり，乱れデータを処理した際に算定される標準偏差のことを，特に**乱れ強度**と呼ぶ．たとえば，0.01 秒ごとに 10 秒間計測された離散化データがあるとする．このとき，$i = 1, 2, \ldots, N$ に対応する $N (= 1000)$ 個の乱れデータに対して，以下の式により算定される値が乱れ強度である．

$$\sqrt{\overline{u'^2}} = \sqrt{\frac{1}{N} \sum_{i=1}^{N} (u_i - \bar{u})^2} \tag{4.15}$$

ここに，$\bar{u}$ は主流速 u の時間平均値である．

　水路幅の水深に対する比 B/h を**アスペクト比**と呼ぶが，**図 4.1** ではこの比が 2 の場合について見てきたことになる．しかし，実河川では，この比が $10^1 \sim 10^2$ あるいはそれ以上のオーダーとなるのが一般的であり，この場合には流路中央部に側岸の影響をほとんど受けない領域が広がっている．このように，アスペクト比が 2 よりある程度以上大きくなると，水路中央部の主流速分布は，水深方向に「対数分布則」に従うものとなる．

4.3.2 時間平均流速の鉛直方向分布

　ここでは，側壁の影響が無視できるような水路中央部における主流速の水深方向分布について説明する．水路床に相当する壁面に関しては，これを「水理学的滑面」，あるいは「水理学的粗面」というように分けて考えることがある．水路床面付近には粘性の影響が無視できない「粘性底層 (viscous sublayer)」と呼ばれる薄い層があるとされる．その厚さ δ_v は，次式で定義される．

$$\delta_v = 11.6 \frac{\nu}{u^\star} \tag{4.16}$$

一方，水路床面の凹凸の規模は「相当粗度高」k_s として知られ，例えば粒径 D のガラス球からなる床面の場合には $k_s = D$ となる．そして，この δ_v と k_s との大小関係によって，$k_s > \delta_v$ が成り立つとき，その床面を水理学的粗面と呼ぶ．このことは，同一の水路床上の流れについて見たときに，流速が

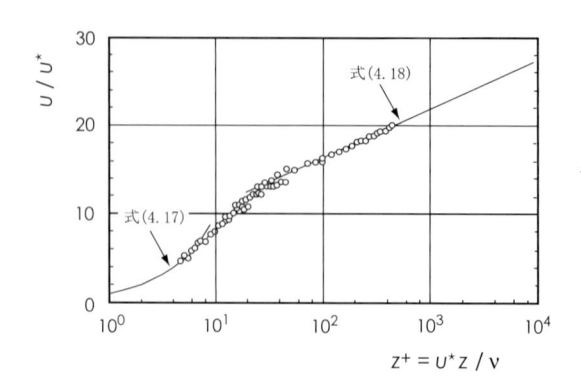

図 4.2 主流速の鉛直分布

大きな流れであれば $u^\star$ が大きくなり，δ_v が小さくなるため，k_s との関係で粗面となるが，逆にある流速以下になると水理学的滑面になることを意味している．なお，本書では，移動床流れの水理学を説明することに主眼をおいていることから，主として水理学的粗面上の流れについて考えることになる．

それでは，主流速の鉛直分布についての話に移ろう．まず最初に，滑面上の流速分布について，その計測結果を**図 4.2**に示した．図の横軸は無次元の鉛直座標を表し，この値が 11.6 のあたりが粘性底層の上縁に当たる．この図より，粘性底層内の流速は，

$$\frac{u}{u^\star} = \frac{u^\star z}{\nu} \tag{4.17}$$

となること，その十分外側ではいわゆる対数分布則

$$\frac{u}{u^\star} = \frac{1}{\kappa} \log_e \left(\frac{u^\star z}{\nu}\right) + 5.5 \tag{4.18}$$

が成り立っていること，ならびにその間に遷移領域が存在すること，などがわかる．

一方，水理学的粗面に注目すると，この場合には粘性底層の存在が無視できるため，水路床面から

$$\frac{u}{u^\star} = \frac{1}{\kappa} \log_e \left(\frac{z}{k_s}\right) + 8.5 = \frac{1}{\kappa} \log_e \left(30 \frac{z}{k_s}\right) \tag{4.19}$$

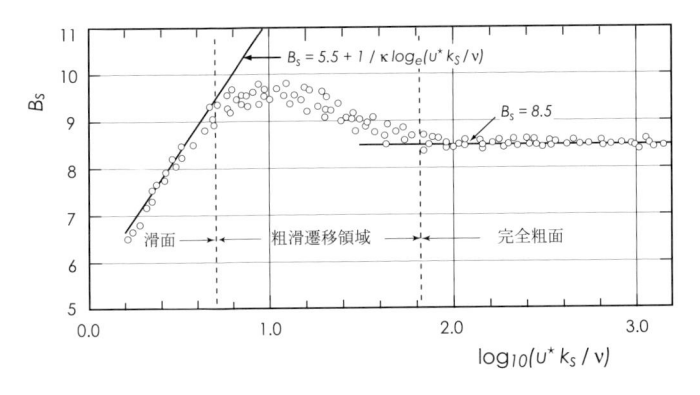

図 4.3 パラメーター B_s

の関係が成り立つことになる．ただし，この場合には，流速の原点をどこにとるかについて考えなければならない．たとえば，同一径のガラス球を密に敷きならべた粗面上の流れの場合には，$u = 0$ となるのは，球の頂部ではなく，その頂部よりも球の直径の 1/3 程度下方であるといわれている．このような流速が 0 となる原点のことを「仮想底面」と呼ぶことがある．

ここまでは水理学的滑面上流れ，あるいは粗面上の流れについて見てきたが，すべての流れをこのいずれかに分類できるというわけではない．両者の間に遷移領域と呼ばれる流れの状態が存在するためである．そこで，次のような定式化をすることにしよう．

$$\frac{u}{u^\star} = \frac{1}{\kappa} \log_e \left(\frac{z}{k_s}\right) + B_s \tag{4.20}$$

ここに，

$$B_s = \begin{cases} 8.5 & \text{for } \frac{u^\star k_s}{\nu} > 70 \\ f_{B_s}\left(\frac{u^\star k_s}{\nu}\right) & \text{for } 5 < \frac{u^\star k_s}{\nu} \leq 70 \\ \frac{1}{\kappa} \log_e \left(\frac{u^\star k_s}{\nu}\right) + 5.5 & \text{for } \frac{u^\star k_s}{\nu} \leq 5 \end{cases} \tag{4.21}$$

式 (4.20) 中のパラメータ B_s は，摩擦速度と相当粗度高さからなるレイノルズ数 $u^\star k_s/\nu$ との関係で，**図 4.3** のように整理することができる．ここに，図中の〇印が実測結果から算定した値を表している．図中の二つの実線は，式

(4.18) ならびに式 (4.19) の関係に相当し，両者の間に横たわる○印が遷移領域の結果である．したがって，この領域に対応する関数 f_{B_s} を近似的に当てはめさえすれば，式 (4.20) ならびに式 (4.21) を用いてすべての領域における主流速分布を評価することができる[1]．

4.3.3 乱れ強度

次に，乱れ強度の水深方向分布について見ておこう．**図 4.4** には，粗面上で計測された乱れ強度分布を示した．乱れ強度は，底面付近で極大値をとり，ここから水面に向けて指数関数的に減衰していく．この乱れ強度の水深方向分布は，次のような関数に従うといわれている．

$$\sqrt{\overline{u'^2}} = 2.30 \ u^\star \ e^{-\xi}$$
$$\sqrt{\overline{v'^2}} = 1.63 \ u^\star \ e^{-\xi} \qquad (4.22)$$
$$\sqrt{\overline{w'^2}} = 1.27 \ u^\star \ e^{-\xi}$$

ここに，$\xi \equiv z/h$ であり，h は水深である．

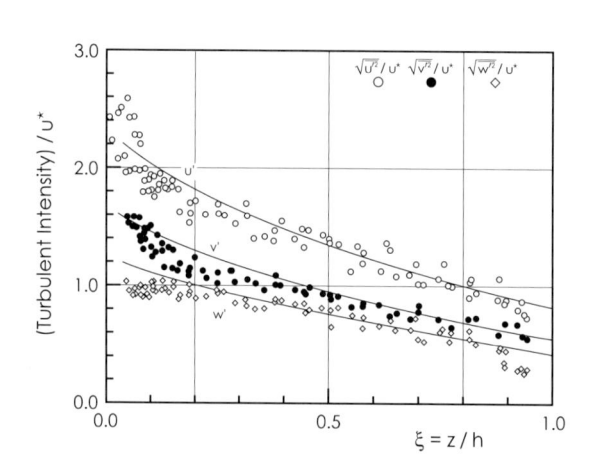

図 4.4 乱れ強度の鉛直分布 [1]

---

[1] たとえば，第 6 章では河床面を構成する「土砂の移動限界」について説明しているが，対象とする土砂粒子の粒径がある程度小さい場合には，その上の流れは粗面とはならず遷移領域と判定されることがある．この場合には，上記のような方法を使って流速分布を評価し，移動限界を求めることになる．

金属の棒の一端を熱したとき，その棒の温度分布は熱源から離れるに従って指数関数的に低下していくが，この関係はこのような熱伝導上の関係と類似したものとなっている．水流中では，固体壁との間の摩擦によって渦が生み出され，これが水深方向に伝播しながら成長・発達・消滅を繰り返すため，乱れ強度もこのように水面に向かうほど減衰するものと推察される．この関数において重要な点は，乱れ強度が摩擦速度に比例し，その値が底面付近で概ね摩擦速度の1〜2倍程度となることなどである．ただし，厳密に言えば，底面のごく近傍における乱れ強度は，この関数によって評価される値よりも小さく，むしろ0に向かって減衰した値となる．

4.3.4 乱流拡散係数

乱流拡散係数に関しては，第1章の説明の際にも簡単にふれたが，水流の解析の際には，この値の評価が極めて重要な意味を持つ．ここでは，直線水路内の等流状態を対象としていることから，式 (1.4) の関係から

$$\nu_t = -\overline{u'w'} \Big/ \frac{\partial u}{\partial z} \tag{4.23}$$

により水深方向の乱流拡散係数 ν_t を求めることができる．**図 4.5** には実測

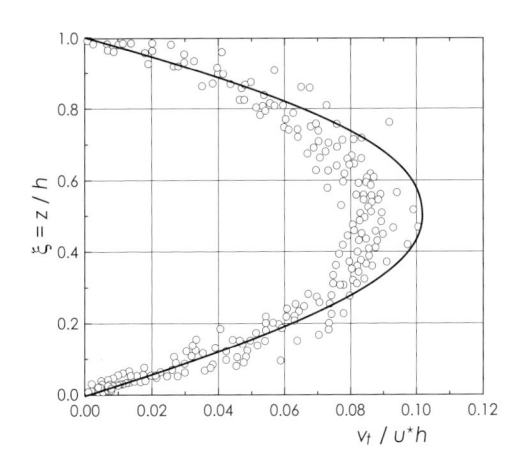

図 4.5 乱流拡散係数分布 [1]

データに基づき評価された ν_t の水深方向分布を示してる．図中の実線は近似曲線として引かれたものであり，次の式で表される．

$$\nu_t = \kappa u^\star h \times \xi (1-\xi) \tag{4.24}$$

このように，ν_t は水路床ならびに水面で 0 となり，半水深 (水深の半分の深さの位置) において極大値をとるような放物線分布となる．第 1 章で誘導した浅水流方程式に基づいて解析を行う際には，この分布の水深平均値を用いることが多い．式 (4.25) がこの関係を表している．

$$\overline{\nu}_t = \frac{1}{6} \kappa u^\star h \tag{4.25}$$

図 4.5 あるいは式 (4.24)，(4.25) において重要なことは，乱流拡散係数が摩擦速度と水深との積に比例することである．ここに，κ は Karman (カルマン) 定数であり，式 (4.25) より前述の式 (1.5) 中の係数 α は 0.067 程度であることがわかる．ただし，実測結果によれば，流下方向ならびに横断方向への拡散係数は鉛直方向の値よりも大きくなるとの報告もある．

4.3.5　組織的な渦運動

　流れの中の任意の点において計測される流速値は時間とともに変動しているが，その変動の仕方は何ら組織性を持たない不規則なものというわけではない．たとえば，**図 4.6** は，粗面上の流れの中で観察された組織的な渦運動を撮影した結果である．各々の写真の左端に沿って伸びている白いラインは白金線である．流れの中でこの両端に電圧をかけると水は電気分解され，その折に発生した水素はこの白金線から離れるように流れて行く．この写真は，一定の時間間隔でストロボを点灯させて撮影されたものであり，これにより流体の渦運動のパターンをうかがい知ることができる．このような流れの可視化法を水素気泡法という．

　写真の上段の (a)〜(c) は，間欠的に発生する上昇流によって底面付近の低速の流体塊が上方に運び上げられる様子を表しており，これを **Ejection (エジェクション) 運動** と呼ぶ．一方，下段の (d)〜(f) は，上方の比較的高

4.3. 乱れの統計的性質

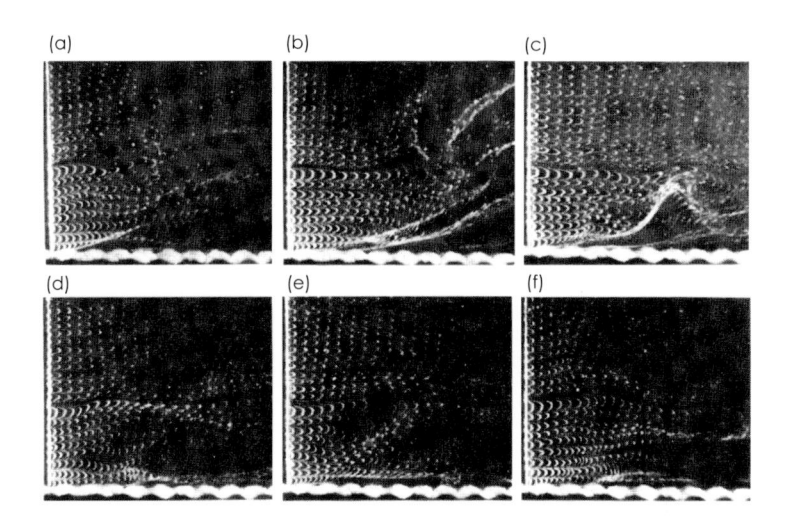

図 4.6 粗面上のバースティング現象 [1]
(a)〜(c) エジェクション運動，(d)〜(f) スウィープ運動

速の流体塊が底面付近に入り込み，この底面付近を掃くように通り過ぎる様子を表しており，これを **Sweep (スウィープ) 運動**と呼ぶ．乱流中ではこのような対をなす素過程が交互にしかも周期的に生じていることがわかっている．このような一連の組織的な渦運動のことを**バースティング (Bursting) 現象**と呼ぶ．水流中の土砂の浮遊運動は，このような組織的な水の乱れの影響を顕著に受けるため，その移動軌跡は大変複雑なものとなる．

参考文献

[1] Nezu, I. and Nakagawa, H.: "Turbulence in open-channel flows", IAHR Monograph, 1993.

第5章

河床構成材料の性質

5.1 概説

前章までは,水の流れに関して必要な基礎知識とその予測法について説明してきた.次に,本章からは,移動床水理学の重要な柱である土砂移動,すなわち**流砂**についての説明に入ることにする.ここでは,まず,土砂の粒度分布や比重,安息角などの基本的な性質についてふれる.次に,水中におかれた土砂粒子(物体)に作用する流体力の評価法について解説し,これに基づき水中を移動する土砂粒子の質点系の運動方程式について説明する.さらに,土砂移動の一つである「土砂の水中での沈降運動」を例に,土砂移動の基本的な捉え方について解説する.

5.2 粒径・比重・安息角

土砂の粒径については,ふるい分け試験などによって評価される粒径加積曲線によって判断される.一例を**図 5.1** に示す.図中には二本の曲線が描かれているが,これらの土砂はその分布の広がりの程度に応じて,

- 均一粒径砂 (fully sorted sediment)
- 混合粒径砂 (poorly sorted sediment)

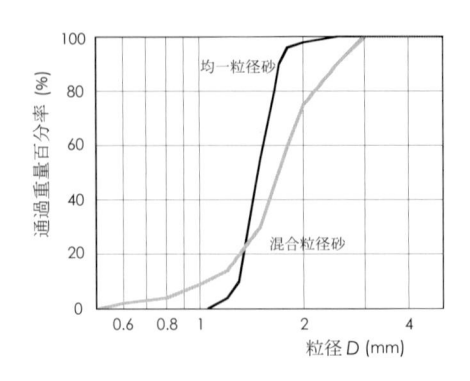

図 5.1 粒径加積曲線

と分類される[1].

土砂の粒径特性を表す一つの指標は平均粒径であり，通常 60% 粒径 (D_{60}) をもって判断される．いわゆる中央粒径 (または 50% 粒径 D_{50}) は平均粒径とは区別して考えることが多い．また，分布の広がりを表す指標として，均等係数 ($\equiv D_{60}/D_{10}$) や標準偏差 ($\equiv \sqrt{D_{84}/D_{16}}$) などが用いられる．

ところで，土砂をその粒径に応じて「礫，砂，シルト，粘土」などと分類して呼び分けることがよく行われる．これを考える上で便利な指標として，**ψ スケール**と呼ばれるものがある．これは地形学，あるいは地質学の分野で広く用いられる指標であり，mm 単位の粒径 D を

$$D = 2^{-\psi} \tag{5.1}$$

のように定義する．このスケールを用いた土砂の分類を**表 5.1** にまとめて示す．なお，ここで示された分類は，土質力学の分野で行われる定義とは若干異なっているようである．

また，土砂の特性値の一つとして，その比重 σ_s も重要である．しかし，流砂として考えるべき土砂が主として石英・長石でできていることから，その

---

[1] 次章以降では主として均一粒径砂礫を対象として，その移動床水理現象を説明することになる．混合粒径礫を対象とした解析は，均一粒径の場合に比べてはるかに煩雑なものとなるが，基本的な考え方まで変わることはない．初学者は，均一粒径についての理解が十分に得られてから，混合粒径砂礫の取り扱いについてチャレンジすることが望ましい．本書は，基本的にはこのような読み方をしても問題がないように構成されている．

表 5.1 粒径による土砂の分類

名称	英文名称	粒径範囲 (mm)	ψ スケール	備考
大礫	large cobbles	$128 \sim 256$	$-8 \sim -7$	玉石
	small cobbles	$64 \sim 128$	$-7 \sim -6$	
中礫	very coarse gravel	$32 \sim 64$	$-6 \sim -5$	砂利
	coarse gravel	$16 \sim 32$	$-5 \sim -4$	
	medium gravel	$8 \sim 16$	$-4 \sim -3$	
	fine gravel	$4 \sim 8$	$-3 \sim -2$	
細礫	very fine gravel	$2 \sim 4$	$-2 \sim -1$	
極粗砂	very coarse sand	$1 \sim 2$	$-1 \sim 0$	砂
粗砂	coarse sand	$0.5 \sim 1$	$0 \sim 1$	
中砂	medium sand	$0.25 \sim 0.5$	$1 \sim 2$	
細砂	fine sand	$0.125 \sim 0.25$	$2 \sim 3$	
極細砂	very fine sand	$0.062 \sim 0.125$	$3 \sim 4$	
粗粒シルト	coarse silt	$0.031 \sim 0.062$	$4 \sim 5$	シルト
中粒シルト	medium silt	$0.016 \sim 0.031$	$5 \sim 6$	
細粒シルト	fine silt	$0.008 \sim 0.016$	$6 \sim 7$	
極細粒シルト	very fine silt	$0.004 \sim 0.008$	$7 \sim 8$	
粗粒粘土	coarse clay	$0.002 \sim 0.004$	$8 \sim 9$	粘土
中粒粘土	medium clay	$0.001 \sim 0.002$	$9 \sim 10$	
細粒粘土	fine clay	$0.0005 \sim 0.001$	$10 \sim 11$	
極細粒粘土	very fine clay	$0.00024 \sim 0.0005$	$11 \sim 12$	

値は 2.65 程度と考えられる．ただし，流域によっては，あるいは同じ流域であっても河川上流部では，軽石などの火山噴出物が混じっていることがあり，このような軽石の比重は 2.65 よりかなり小さい．このような質の異なる材料が混入している場合には注意を要する．

さらに，土砂が堆積する場合など，土砂を塊として取り扱わなければならない場合には，**空隙率** (porosity) λ を考慮することが必要となる．これは，土砂が堆積した場合には個々の土砂粒子間に空隙ができるためであり，この空隙部分は水で占められることになる．そこで，河床表面下の土砂層の単位体積当たりに存在するこの空隙の比率を，空隙率 λ と定義する．このことは，土砂層全体に占める土砂の実質体積の比率が，$1 - \lambda$ で表されることを意味

する．そこで，体積 V の土砂の堆積が生じたとすると，実際には $V/(1-\lambda)$ だけの堆積が生じたかのように，地形の表面が上昇する結果となる．この空隙率の値については，通常，0.3〜0.4 程度とされる．

また，土砂を水中に積み上げて斜面をつくったときに，土砂が崩れずに留まることができる最大傾斜角を土砂の**水中安息角** (angle of repose) ϕ_s と呼ぶ．この安息角は，静止摩擦角とも呼ばれ，静止摩擦係数 μ_s との関係で，

$$\mu_s = \tan\phi \tag{5.2}$$

のように表される．この水中安息角に関しては，粒径が大きいほど大きな値をとる傾向にあり，概ね 30°〜40° の間の値となるといわれている．ただし，角張った礫になると，これよりも大きな値をとることがある．また，土砂に粘土がわずかでも加わると，上記の値よりも大きな角度まで崩れないこともわかっている．

最後に，土砂が持つ粘着性について簡単にふれておくことにする．前出の**表 5.1** に示されている粘土に関しては，砂礫やシルトにはない粘着力が発揮されるため，その浸食，流送・堆積のプロセスには異なるメカニズムが作用する．河川や湖沼，沿岸域のいずれにおいても，地形を構成する材料に微量とはいえ粘土が含まれていると考えるべきである．この粘着性土の流砂特性については，粘着力発現のメカニズムの複雑さゆえ，これまであまり研究されてこなかった．この粘土の浸食に関しては，現時点で明らかになっていることをまとめて第 9 章で解説する．

5.3　土砂の沈降特性

5.3.1　流体力

流水中に土砂粒子や橋脚，植生といった物体をおくと，この物体は流れにとって抵抗として働き，この物体には流れによる力が作用する．このような力を**流体力**と呼ぶ．

ここでは，物体の典型的な例として直径 D の球体を取り上げ，水流中におかれた球体に作用する流体力について考えることにする．

5.3. 土砂の沈降特性

まず，最初に，静水中に釣り下げられた球体について考えると，この球体の表面には面に垂直な方向に静水圧が作用する．この圧力を球の表面にわたって積分すると，その合力ベクトルは水平方向成分を持たず，鉛直上向きの成分のみ持つ．また，その大きさは鉛直方向にのみ球体の体積 $V\,(=\pi D^3/6)$ に比例する．これが**浮力**と呼ばれる力であり，次式で書き表される．

$$F_B = \rho\,g\,V \tag{5.3}$$

そこで，この球体には，重力からこの浮力分を差し引いた値の力が鉛直下向きに作用することになる．すなわち，

$$F_B - F_G = -\rho\,(\sigma_s - 1)\,g\,V \tag{5.4}$$

次に，流れが空間的に一様な分布を持つ水流中に球体が釣り下げられている場合を考えよう．この場合には，球体の中心を通る鉛直面で切ったとき，その上流側半面に作用する圧力と下流側半面に作用するものとが等しくならず，結果として合力は水平方向成分を持つことになる．このような力を**抗力**(Drag) と呼ぶ．抗力は流水中を輸送される土砂の運動を考える上で最も重要な流体力の一つである．この場合に作用する抗力は水平方向成分のみ持ち，鉛直方向には式 (5.4) で表される力が作用するにすぎない．抗力については，経験的に作用流速 U の二乗に比例し，作用面積に比例することがわかっている．そこで，次元を考えた上で次のように定式化される．

$$F_D = \frac{1}{2}\rho\,C_D\,A\,U^2 \tag{5.5}$$

ここに，ρ は水の密度，A は球の投影面積 $(=\pi D^2/4)$ であり，比例係数に当たる C_D が抗力係数と呼ばれるものである．さまざまな条件下で行われた実験の結果を整理したところ，この抗力係数は粒子レイノルズ数 $R_{ep}(=UD/\nu)$ の関数となることが理解された．この抗力係数と粒子レイノルズ数との関係を図示したのが**図 5.2** である．この図は，静水中を一定速度で沈降する球の運動を実験的に解析した結果として得られたものである．この実験の場合には静水中を粒子が沈降速度 w_o で移動していくことになるが，粒子の質量中

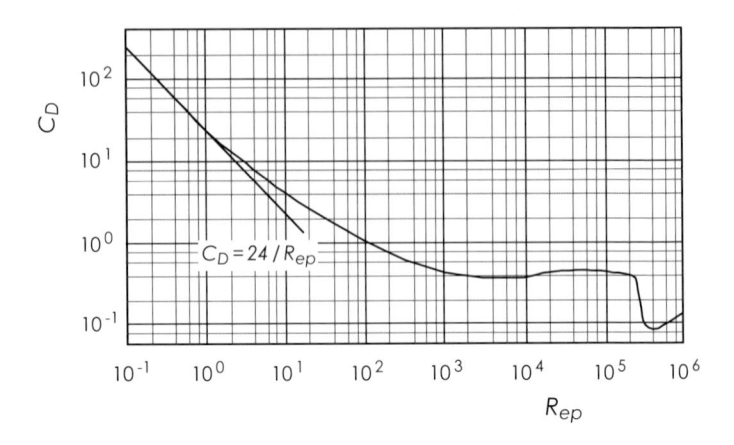

図 5.2 静水沈降時の球の抗力係数とレイノルズ数との関係

心とともに移動していく座標系で見ると，静止した球に向かって流速 w_o で水が一様に接近してくる現象と同じことになる．そこで，式 (5.5) 中の U を w_o で置き換えれば，沈降する粒子に作用する抗力の評価を式 (5.5) により行うことができる．このとき，粒子レイノルズ数 R_{ep} は，

$$R_{ep} = \frac{w_o D}{\nu} \tag{5.6}$$

となる．**図 5.2** よりわかるとおり，レイノルズ数が小さく粘性が卓越する範囲 ($R_{ep} < 1$) では，抗力係数は，

$$C_D = 24/R_{ep} \tag{5.7}$$

で表される．これは **Stokes (ストークス) の法則**として知られる関係である．このとき，抗力 F_D は，

$$F_D = 3\mu\pi D w_o \tag{5.8}$$

と書き換えられ，抗力は相対速度差に比例することになる．一方，レイノルズ数が非常に大きな範囲では，抗力係数はレイノルズ数によらず一定となり，その値は 0.4 に等しい．抗力係数とレイノルズ数との間の関係については，図

5.3. 土砂の沈降特性

中の曲線から値を読みとるか，近似式である次式によって求めればよい．

$$C_D = \frac{24}{R_{ep}} + \frac{3}{\sqrt{R_{ep}}} + 0.34 \tag{5.9}$$

次節の説明の準備のため，これまで説明してきた関係をさらに一般化しておく．いま，流体の作用流速が u_f であるような流れ場を，土砂粒子が速度 u_p で移動しているものとする．このときの抗力は，前述の場合と同様に土砂粒子とともに移動する座標系で見れば，式 (5.5) の作用流速 U を相対速度 $u_r \equiv u_f - u_p$ で置き換えることで，同様の取り扱いをすることができる．ただし，もし，土砂粒子の速度が流体の速度よりも大きい (すなわち $u_r < 0$) 場合には，抗力は，土砂粒子の動きを加速する方向に作用するのではなく，その運動を妨げる向きに作用することになる．そこで，次のように定式化しておくべきであろう．

$$F_D = \frac{1}{2} \rho C_D A \mid u_r \mid u_r \tag{5.10}$$

さらに，条件設定をより一般化して，作用流速が水深方向に一様ではなく，ある分布を持つような流れ場における流体力について考える．この場合には，球体の中心を通る水平面で切って考えると，その上半面と下半面とで作用流速が対称にはならない．この結果として，前述の浮力以外に鉛直方向に新たな力が作用することになる．このような流体力を**揚力** (Lift) と呼ぶ．揚力については，抗力ほど多くの研究成果があるわけではなく，いくつかの表示法があるが，ここでは次のような関係式を適用する．

$$F_L = \frac{1}{2} \rho C_L A \left((u_r)_T^2 - (u_r)_B^2 \right) \tag{5.11}$$

ここに，$(u_r)_T$ および $(u_r)_B$ は，球体の上縁点 (top) および下縁点 (bottom) における流速から土砂の移動速度を差し引いた相対速度である．C_L は揚力係数であり，$C_L = 0.2$ とする．

最後に，流体が加速度運動をしている場合を考える．このような場において球体粒子に付加的に作用する流体力としては，次の二つを考える必要があ

る．まず第一は，流体の速度変動に伴い生じる圧力変動に起因する力である．この力は次式で定式化される．

$$F_p = \rho\, V\, \frac{\partial u_f}{\partial t} \tag{5.12}$$

第二に，**付加質量力**と呼ばれる力が作用することになり，これは次式で表される．

$$F_M = \rho\, C_M\, V\, \frac{\partial u_r}{\partial t} \tag{5.13}$$

ここに，C_M は付加質量係数（virtual mass，または added mass coefficient）と呼ばれ，球の場合には 0.5 となることが知られている．この力は，流体と粒子とが異なった加速度をもって相対運動する場合に作用し，その大きさは球体粒子が排除した体積分に比例する．そこで，乱流運動する流体の乱れに対して粒子が完全に追随できるならば，この力は働かないことになる．

5.3.2 土砂の運動方程式

以上の準備の下に，流水中を移動する土砂粒子の三次元的な運動について考える．このとき，流体の速度 (流速) ならびに土砂粒子の移動速度は，(x, y, z) の各方向に成分を持つベクトルである．このことを考慮に入れて流体力の定義式を修正し，ベクトル表示することにしよう．いま，流速ベクトルを $\vec{u}_f = (u_f, v_f, w_f)$，土砂の移動速度ベクトルを $\vec{u}_p = (u_p, v_p, w_p)$ とし，相対速度ベクトルを $\vec{u}_r = (u_r, v_r, w_r)$ とすると，

$$\vec{F}_D = \frac{1}{2}\, \rho\, C_D\, A\, |\vec{u}_r|\, \vec{u}_r \tag{5.14}$$

$$\vec{F}_L = \frac{1}{2}\, \rho\, C_L\, A\, \left((u_r)_T^2 - (u_r)_B^2\right) \tag{5.15}$$

$$\vec{F}_p = \rho\, V\, \frac{\partial \vec{u}_f}{\partial t} \tag{5.16}$$

$$\vec{F}_M = \rho\, C_M\, V\, \frac{\partial \vec{u}_r}{\partial t} \tag{5.17}$$

のように書き表される．また，抗力係数を求める際に必要な粒子レイノルズ数は，$R_{ep} = |\vec{u}_r|\, D/\nu$ で定義される．

5.3. 土砂の沈降特性

以上を踏まえて，土砂粒子の運動を支配する方程式は次式のようなる．この式の左辺が質量と加速度の積を，右辺が粒子に作用する外力の総和を，それぞれ表していることは言うまでもない．

$$\rho \sigma_s V \frac{\partial \vec{u}_p}{\partial t} = \rho (\sigma_s - 1) V \vec{g} + \rho V \frac{\partial \vec{u}_f}{\partial t} + \frac{1}{2} \rho C_D A \mid \vec{u}_r \mid \vec{u}_r$$
$$+ \rho V C_M \frac{\partial \vec{u}_r}{\partial t} + \frac{1}{2} \rho C_L A \left((u_r)_T^2 - (u_r)_B^2\right) \vec{e} \quad (5.18)$$

ここに，重力加速度ベクトルは $\vec{g} = (0, 0, -g)$，$\vec{e}$ は $\vec{e} = (0, 0, 1)$ で表される単位ベクトルである．さらにこれを整理すると，

$$\rho (\sigma_s + C_M) V \frac{\partial \vec{u}_p}{\partial t}$$
$$= \rho (\sigma_s - 1) V \vec{g} + \frac{1}{2} \rho C_D A \mid \vec{u}_r \mid \vec{u}_r$$
$$+ \rho (1 + C_M) V \frac{\partial \vec{u}_f}{\partial t} + \frac{1}{2} \rho C_L A \left((u_r)_T^2 - (u_r)_B^2\right) \vec{e} \quad (5.19)$$

のように書き改められる．これが土砂粒子の質点系の運動方程式と呼ばれるものである[2]．

次に，この運動方程式に基づく解析例として，「静水中を沈降する土砂粒子の運動」について考えていく．静水中の運動であるため，流体の速度および加速度は

$$\vec{u}_f = \frac{\partial \vec{u}_f}{\partial t} = \vec{0}$$

となり，また，z 方向の一次元運動を解析することになるため，相対速度ベクトル $\vec{u}_r$ は，

$$\vec{u}_r = (0, 0, -w_p)$$

となる．さらに，この運動に関しては，常に $w_p < 0$ であることから，$w_s = -w_p$ と置き換え，鉛直下向きを正にとることにすれば，式 (5.19) は次のように簡単化される．なお，この運動の場合には揚力は作用しない．

$$\rho (\sigma_s + C_M) V \frac{\partial w_s}{\partial t} = \rho (\sigma_s - 1) V g - \frac{1}{2} \rho C_D A w_s^2 \quad (5.20)$$

このとき，抗力係数は $R_{ep} = w_s D / \nu$ の関数となる．

---

[2] 厳密には Basset 項と呼ばれる項が右辺に加わることになるが，検討の結果，この項を無視してもほとんど影響がないことがわかっている [1]．

5.3.3 粒子の沈降速度

　粒子の沈降過程は，式 (5.20) を数値解法することによって求めることができる．運動の初期条件として，粒子は速度を持たない ($w_s = 0$) ことにすると，解として得られる移動軌跡の特徴は以下のとおりである．(1) その初期においては重力が卓越し，これに匹敵するほどの大きさの抗力が作用しないために，鉛直下向きに加速度運動し，その速度を増大させる．(2) 時間の経過とともに沈降速度が増大し，やがては抗力と重力とが均衡を保つようなり，それ以降は等速運動をするようになる．このときの沈降速度のことを**最終沈降速度** (terminal settling velocity) w_o と呼ぶ．最終沈降速度は単に沈降速度と呼ばれることもあり，土砂の粒径と比重によって定まる特性量であると考えることができる．

　最終沈降速度 w_o を直接求めるには，式 (5.20) の左辺を 0 とし，右辺の二項が釣り合うように沈降速度 w_s を定めれば，それが求めるべき w_o である．すなわち，

$$\rho(\sigma_s - 1)Vg = \frac{1}{2}\rho C_D A w_o^2 \tag{5.21}$$

を w_o について解けばよい．この解法の手順は，以下のとおりである．

1. まず，w_o の値を仮定して，それを w_{o1} とする．
2. w_{o1} に対応する粒子レイノルズ数 $R_{ep} \equiv w_{o1}D/\nu$ を求め，これを式 (5.9) に代入することで，抗力係数 C_D を求める．
3. 式 (5.21) を

$$w_{o2} = \sqrt{\frac{\rho(\sigma_s - 1)Vg}{\frac{1}{2}\rho C_D A}}$$

   のように変形し，手順 2 で求められた C_D の値をこの式に代入することで，新たな値 w_{o2} を求める．
4. 求められた w_{o2} が仮定した値 w_{o1} と一致するならば，これが求めるべき真の最終沈降速度である．ここで一致するとは，両者の差が許容誤差の範囲内に入っていることを意味する．もし，一致しない場合には，求められた値 w_{o2} を新たな仮定値 w_{o1} として，上記の手順 2～4 を繰り返すことになる．

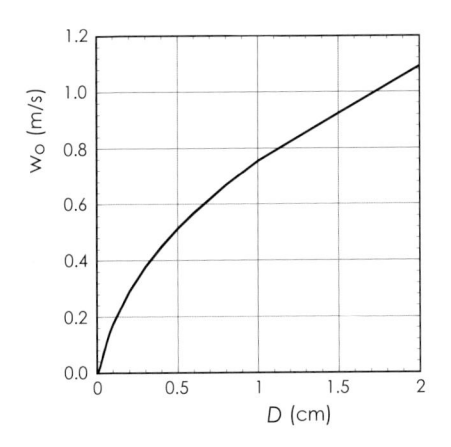

図 **5.3** 粒径 D と最終沈降速度 w_o の関係

ただし，前出の Stokes の法則が成り立つような微細な土砂の場合には，抗力が式 (5.8) のように表されるため，上記のような繰り返し計算を必要とせず，次式によって沈降速度を求めることができる．

$$w_o = \frac{(\sigma_s - 1) D^2 g}{18\nu} \quad (5.22)$$

また，幅広い粒径範囲の自然砂を対象として，Rubey (ルーベイ) は次のような準理論式を提案している．参考までに紹介しておく．

$$\frac{w_o}{\sqrt{(\sigma_s - 1) g D}} = \sqrt{\frac{2}{3} + \frac{36}{d_*}} - \sqrt{\frac{36}{d_*}} \quad (5.23)$$

ここに，$d_* = (\sigma_s - 1)gD^3/\nu^2$ は粒径に関する無次元パラメータである．

図 **5.3** には上記の手順に従って算定された土砂の粒径 D と最終沈降速度 w_o との関係を示してある．

設問1

沈降過程のシミュレーション

水深が 2 m の水槽の水面から，粒径 2 mm の土砂を静かに落とした．このとき，土砂粒子が水槽底面に到達するまでの軌跡を式 (5.20) に基づき解析し

なさい．また，この粒子の最終沈降速度はいくらか．ただし，土砂は球形とし，比重は 2.65 とする．

解法のヒントと略解

式 (5.20) は非線形方程式であり，また，式中の抗力係数 C_D が w_s の関数であるために，これを解析的に解くことは容易ではない．そこで，この式を解くには，例えば差分法によって式を離散化し，代数方程式の形に置き換えてから，数値的に解くことになる．精度の高い解を得ようとすると，Runge-Kutta（ルンゲ・クッタ）法と呼ばれる解法を適用することが望ましいが，ここでは例題としてできるだけ簡単にこれを解くことにする．まず，離散化された方程式は以下のとおりである．

$$\rho\left(\sigma_s + C_M\right) V \frac{w_s^{n+1} - w_s^n}{\Delta t} = \rho\left(\sigma_s - 1\right) V g - \frac{1}{2} \rho C_D A \left(w_s^n\right)^2 \quad (5.24)$$

ここに，上付き文字の n は時間ステップを表し，$t = n \times \delta t$ である．いま，w_s^n を既知量とすると，未知量 w_s^{n+1} は上式を解くことで求めることができる．また，粒子位置 z_s は，同様に，

$$z^{n+1} = z^n + w_s^{n+1} \times \Delta t \quad (5.25)$$

により求められる．初期条件は，$t = 0$ で $z_s = w_s = 0$ である．

上記のような解法で計算したところ，沈降速度の時間変化に関する図 5.4 のような解が得られた．図からわかるように，始めのうちは重力の影響を受けて沈降速度が増大していくが，0.2 秒程度の時間が経過した後には，重力と抗力とが釣り合った状態となり，これ以降の時刻においては一定速度で沈降運動を継続することになる．なお，ここで対象とした粒径 2 mm の土砂の場合には，この最終沈降速度は 0.292 m/s となり，この値は図 5.3 に示されたものと一致する．∎

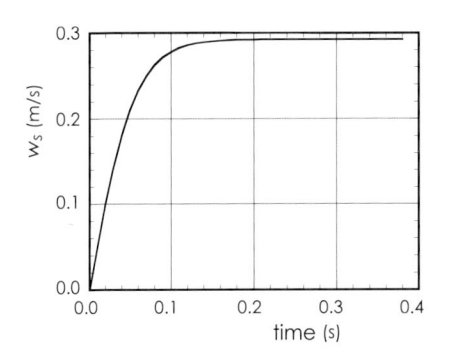

図 5.4 沈降速度の時間変化 (解答)

設問 2

Saltation 粒子 (跳躍形式の掃流砂) の移動軌跡の数値シミュレーション

流速の時間変動の影響が無視できるような流れ場を考え，ここを粒径 $D = 2\,(\mathrm{mm})$ の土砂粒子が跳躍形式をとって移動しているものとする．主流速の鉛直方向分布については対数分布則に従うものとし，これ以外の流速成分はすべて 0 であるとする．すなわち，

$$\vec{u}_f = (u_{fx}(z_p), 0, 0) = \left(\frac{u^\star}{\kappa} \log_e\left(30\,\frac{z_p}{k_s}\right), 0, 0\right)$$

とする．ここでは，式中の摩擦速度を $u^* = 5\,(\mathrm{cm/s})$，相当粗度高さを $k_s = D$ とする．

いま，移動粒子が河床粒子と衝突した後，初期座標 $\vec{x}_p = (0, 0, D)$ の位置から次のような初速度ベクトルをもって新たな跳躍を開始するものとする．ただし，数値は cm/s の単位とする．

$$\vec{u}_{po} = (12 \times \cos 60°,\, 0,\, 12 \times \sin 60°)$$

このとき，この粒子のその後の移動軌跡はどのようになるであろうか．質点系の運動方程式に基づいて解析せよ．ただし，現象はすべて x–z 平面内で起こるものと考えてよい．

解答

ここで解くべき式は，式 (5.19) 中の $\partial \vec{u}_f/\partial t$ を $\vec{0}$ とした x および z 方向への運動方程式である．いま，揚力の項を無視することにすれば，対象となる式は以下のように表される．

$$\rho(\sigma_s + C_M)V\frac{\partial u_p}{\partial t} = \frac{1}{2}\rho C_D A \mid \vec{u}_r \mid u_{rx}$$

$$\rho(\sigma_s + C_M)V\frac{\partial w_p}{\partial t} = \frac{1}{2}\rho C_D A \mid \vec{u}_r \mid u_{rz}$$
$$+ \frac{1}{2}\rho C_L A[(u_{rx})_T^2 - (u_{rx})_B^2] - \rho(\sigma_s - 1)Vg$$

ここに，

$$\vec{u}_r = (u_{rx}, u_{rz}) = (u_f(z_p) - u_p, -w_p)$$

$$(u_{rx})_T = u_f|_{z_p + D/2} - u_p, \ (u_{rx})_B = u_f|_{z_p - D/2} - u_p$$

である．なお，移動速度と変位との関係が，

$$\frac{d\vec{x_p}}{dt} = \vec{u_p}$$

であることは言うまでもない．さて，これらの式を解くためには，微分方程式を離散化する必要がある．ここで，離散化とは，微分形式の式を差分形式に書き換えることを指し，時間刻みを Δt として時刻 $t = n \times \Delta t$ と $(n+1) \times \Delta t$ における土砂粒子の座標ならびに移動速度の関係を代数方程式の形に書き下すことを意味する．いま，x 軸方向への運動を記述する関係式のみ示すことにすれば，離散化された差分式は次のようになる．なお，z 軸方向への式については同様の離散化を行えばよい．

$$\frac{x_p^{n+1} - x_p^n}{\Delta_t} = u_p^n$$

$$\rho(\sigma_s + C_M)V\frac{u_p^{n+1} - u_p^n}{\Delta t} = \frac{1}{2}\rho\ C_D{}^n A \mid \vec{u_r^n} \mid (u_f(z_p^n) - u_p^n)$$

そこで，時間 $t + \Delta t$ における座標 x_p^{n+1} および移動速度 u_p^{n+1} は，次のように表される．

$$x_p^{n+1} = x_p^n + u_p^n \times \Delta t$$

5.3. 土砂の沈降特性

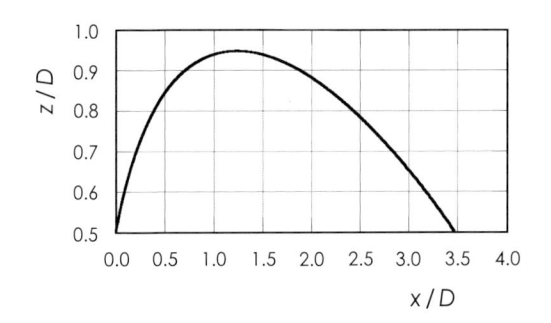

図 5.5 土砂の移動軌跡 (解答)

$$u_p^{n+1} = u_p^n + \Delta t \times \frac{\frac{1}{2}\rho C_D{}^n A \mid \vec{u}_r^n \mid \left(u_f(z_p^n) - u_p^n\right)}{\rho(\sigma_s + C_M)V}$$

ここに，

$$\mid \vec{u}_r^n \mid = \sqrt{\left(u_f(z_p^n) - u_p^n\right)^2 + \left(-w_p^n\right)^2}$$

は相対速度ベクトルの大きさを表し，u_p^n に加えて w_p^n の影響を受ける．そこで，x 軸方向の運動のみを独立して解析することはできず，これと z 軸方向の運動とを連立して解くことが必要となる．

いま，初期条件として $t = 0$ における $\vec{x}_p$ と $\vec{u}_p$ が与えられれば，上記の式からその Δt だけ後の値が求められる．次に，その値を既知量とすれば，さらに Δt だけ後の値が求められることになる．この繰り返しとして，土砂の一連の運動軌跡を予測することができる．なお，ここでの計算は，粒子が河床に再び衝突するまで継続するものとした．

図 5.5 に計算結果を示す．これは第 7 章で説明する土砂の Saltation(小跳躍) 運動の典型的な軌跡ということができる． ∎

参考文献

[1] 関根正人・吉川秀夫：脈動流中の土砂の沈降特性に関する研究, 土木学会論文集, 第 387 号／II-8, 209–218, 1987.

第6章

限界掃流力

6.1 概説

本章から第8章までの章では，水流の作用を受けて生じる地形変動の素過程である「流砂」について解説する．

さて，水の流れによって形づくられる地形のことを「水成地形」と呼び，例えば砂丘に見られる風紋などの「風成地形」とは区別して考える．しかし，このいずれの場合についても，水あるいは風の作用によって地形表面の土砂が移動あるいは停止することで，地形が形成あるいは変形することは言うまでもない．さて，この土砂移動の原因とは何であろうか．どのような条件のときにこの土砂移動が生じるのであろうか．本章では，このような地形表面(河床面)を構成している土砂が移動可能か否かの限界について，力学法則に則って解説する．この土砂粒子に作用する力については，前章で説明した抗力や揚力などの流体力と，重力・浮力や粒子間の摩擦力などを考える必要がある．これらの間の釣り合い条件については次節で詳しく説明することになるが，これらの力の釣り合いがとれない場合に土砂移動が生じることになる．ところで，河床を構成する土砂粒子に作用する抗力や揚力は，いずれもこれに作用する流速の二乗に比例する．一方，いわゆる底面せん断力もまた平均流速の二乗に比例するため，流速分布の相似性を考慮に入れると，抗力と揚力とは底面せん断力と深いつながりを持つことがわかる．そこで，流れを特

徴付ける物理量である底面せん断力との関係で，力の釣り合い条件を整理すると，このせん断力がある値を超えたときに土砂移動が生じることがわかる．この限界の底面せん断力のことを**限界掃流力**と呼ぶ．

この限界掃流力についての議論をする前に，**掃流力** (tractive force) の定義について説明しておく必要があろう．水理学では，底面を構成する材料 (土砂) と水流との間の摩擦力のことを「底面せん断力」と呼び，水流にとっての抵抗力を表している．これに対して，移動床流れにおける底面を構成する土砂粒子の側から見ると，この底面せん断力分の力が流れ方向に作用し，これが土砂粒子を移動状態に導く駆動力となる．このような力を「掃流力」と呼び，その大きさは底面せん断力に等しい．いま，勾配が一定でしかも横断面形状が流下方向に一様な移動床水路における流れについて考えると，掃流力の値 τ_o は，次のように表される．

$$\tau_o = \rho g R_h i_f, \quad R_h = A/S \tag{6.1}$$

ここに，A は断面積，S は潤辺長，R_h は径深，i_f はエネルギー勾配である．さらに，摩擦速度 $u^\star$ は，次のように定義される．

$$u^\star = \sqrt{\tau_o/\rho} = \sqrt{gR_h i_f} \tag{6.2}$$

この掃流力を水の水中比重 R と重力加速度 g ならびに土砂の粒径 D の積で除した無次元変数

$$\tau^\star = \frac{\tau_o}{\rho R g D} = \frac{u^{\star 2}}{R g D} \tag{6.3}$$

を**無次元掃流力**，または **Shields (シールズ) 数**と名付け，以下この変数を用いて議論を展開する．なお，この変数の持つ意味について簡単にふれておく．いま，体積が $V \, (= \pi D^3/6)$，水平面への投影面積が $A \, (= \pi D^2/4)$ の球形の土砂粒子が河床を構成しているものとする．こうした土砂に作用する底面せん断力 τ_o とこの面積 A との積 $\tau_o \times A$ の，土砂に作用する重力から浮力を差し引いた値 $\rho R V g$ に対する比をとると，

$$\frac{\tau_o A}{\rho (\sigma_s - 1) V g} = \frac{3}{2} \times \frac{\tau_o}{\rho R g D} = \frac{3}{2} \times \tau^\star \tag{6.4}$$

となる．定数 3/2 が乗じられているものの，無次元掃流力はこの比と同一の意味を持つと考えることができる．

6.2 均一粒径河床上の限界掃流力

河道面を構成する土砂が粒径 D のほぼ均一な材料であると見なせる場合について考える．このとき，河道面を構成する土砂粒子に作用する力の釣り合い条件はどのように記述されるであろうか．

まず最初に，流れ方向への力の釣り合いについて考える．このとき，流水が土砂に及ぼす流体力の流れ方向成分としては，次式で表される抗力 (Drag) を考えるべきであることは既に説明した．

$$F_D = \frac{1}{2} \rho C_D \left(\frac{\pi D^2}{4} \right) |u_b| u_b \tag{6.5}$$

ここに，u_b は着目粒子に作用する河床近傍流速を表す．また，河床が流下方向に角度 α だけ傾いているとすると[1]，重力加速度ベクトルは

$$\vec{g} = (g \sin \alpha,\ 0,\ -g \cos \alpha)$$

となるため，土砂粒子に作用する重力から浮力を差し引いた力の流下方向成分は，

$$F_{Gx} = \rho R g \left(\frac{\pi D^3}{6} \right) \sin \alpha \tag{6.6}$$

で表される．一方，移動しようとする土砂粒子と河床を構成する粒子との間の摩擦力は次式で表される．

$$F_\mu = \mu_s \rho R g \left(\frac{\pi D^3}{6} \right) \cos \alpha \tag{6.7}$$

ここに，C_D は抗力係数，μ_s は静止摩擦係数，R は水の密度 ρ と土砂の密度 ρ_s との関係で $\rho_s/\rho - 1$ のように定義される水中比重である．以上の三つの力のうち，重力と摩擦力は粒径と比重によって決まり，粒子に作用する流速

---

[1] 河床が横断方向に角度 ω だけ傾いている場合の式の誘導については，第 7 章で説明しており，式 (7.28) あるいは式 (7.29) をあわせて考慮するとよい．

にはよらない.そこで,流速がある限界値未満では $F_D + F_{Gx} - F_\mu < 0$ となる.しかし,さらに流速が大きくなると次式で表される移動限界の状態に至ることになる.

$$F_D + F_{Gx} - F_\mu = 0 \tag{6.8}$$

これが移動限界を表す関係式である.

次に,流れと直交する水深方向への力の釣り合いについて考える.ここで考慮しなければならない力は,揚力 F_L と重力から浮力を差し引いた力の水深方向成分 F_{Gz} であり,

$$F_L = \frac{1}{2}\rho C_L \left(\frac{\pi D^2}{4}\right) |u_b| u_b \tag{6.9}$$

$$F_{Gz} = -\rho R g \left(\frac{\pi D^3}{6}\right) \cos\alpha \tag{6.10}$$

と表される.そして,式 (6.8) の場合と同様に,これらが釣り合った状態が限界状態となる.

$$F_L + F_{Gz} = 0 \tag{6.11}$$

条件式 (6.8) と式 (6.11) はいずれも限界の状態を表しており,土砂移動が生じない条件下では

$$F_D + F_{Gx} - F_\mu < 0, \ \ F_L + F_{Gz} < 0 \tag{6.12}$$

がともに満足される.そして,式 (6.12) が満足されなくなったとき,土砂移動が開始すると考えられる.それでは,いずれの条件が先に満足されなくなるのであろうか.粒径が 0.1〜0.2 mm 程度より大きい場合には式 (6.8) が,逆に小さい場合には式 (6.11) が,それぞれまず先に到達される限界状態であるといわれている.そして,$D \leq 0.1〜0.2\,(\mathrm{mm})$ が満足されるような極細砂,あるいはシルトの場合には,河床を浮上形式で離脱した後,例えば後述するウォッシュロードとして移動することになる.これについては後の章において改めて説明する.ここでは,ほとんどの砂礫がこれに当てはまると考えられる式 (6.8) の移動限界について考えていく.なお,この場合には,土砂は河床から滑動あるいは転動形式をとって移動を開始することになる.

6.2. 均一粒径河床上の限界掃流力

ここでは，河道を構成する主要な材料が粒径の相対的に大きな砂礫であることを念頭において，式 (6.8) の釣り合い条件からその移動限界について論じる．いま，式 (6.8) が成り立つときの流速 u_b を u_{bc} と書き換えることにすれば，次式が導かれる．

$$\frac{u_{bc}^2}{RgD} = \frac{4}{3C_D}(\mu_s \cos\alpha - \sin\alpha) \quad (6.13)$$

限界状態において粒子に作用する流速 u_{bc} は，

$$u_{bc} = u_c^\star \times f(z_b) \quad (6.14)$$

のように書き表される．ここに，関数 $f(z_b)$ は後述する流速の鉛直分布に基づき評価される．式 (6.14) を用い，傾斜角 α が

$$\sin\alpha \simeq 0,\ \cos\alpha \simeq 1$$

を満たすくらい小さいとすると，式 (6.13) は，

$$\tau_c^\star \equiv \frac{u_c^{\star 2}}{R\,g\,D} = \frac{4\mu_s}{3\,C_D\,f^2(z_b)}\cos\alpha\left(1 - \frac{\tan\alpha}{\mu_s}\right) = \frac{4\mu_s}{3\,C_D\,f^2(z_b)} \quad (6.15)$$

のように書き換えられる．この式 (6.15) により評価される $\tau_c^\star$ を**無次元限界掃流力**と呼ぶ．

土砂が移動状態にある場合には，前出の $\tau^\star$ との関係で $\tau^\star \geq \tau_c^\star$ という条件が成り立つ．したがって，式 (6.15) を超える大きさの掃流力が作用したとき，土砂は移動を始めると考えればよい．

次に，式 (6.15) から $\tau_c^\star$ の値を求めることにしよう．計算は比較的複雑であるが，ここでは，できるだけ単純化して考えることにする．摩擦係数 μ_s については，粒径 D によらず一定値 $\mu_s = 0.8$ をとる．そこで，この計算で最も注意を要するのは，式 (6.14) 中の関数 $f(z_b)$ の値と抗力係数 C_D の求め方ということになる．まず，関数 $f(z_b)$ については，例えば粒径が小さく流速の作用位置 z_b が粘性底層の中に入ってしまう場合には，大粒径の場合に用いられる粗面の対数則が適用できない．ここで，粘性底層の厚さを δ_v とすると，

$$\delta_v = 11.6\frac{\nu}{u_c^\star} \quad (6.16)$$

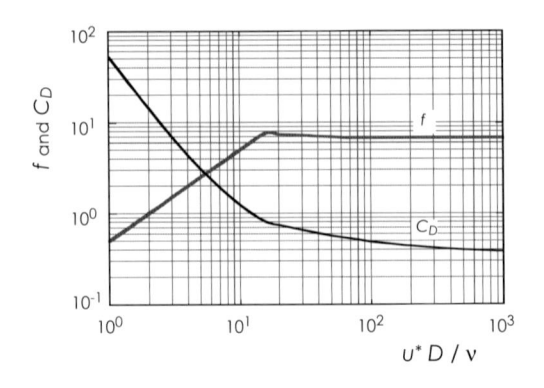

図 6.1　$u^\star D/\nu$ と抗力係数 C_D 速度分布関数 f の関係

で表される．また，$z_b = D/2$ とすると，求めるべき関数値 $f(z_b)$ は，

$$f(z_b) = \begin{cases} \dfrac{u_\star z_b}{\nu} & \cdots \delta_v \geq z_b \\ 8.5 + 5.75 \log\left(\dfrac{z_b}{k_s}\right) & \cdots \delta_v < z_b \end{cases} \quad (6.17)$$

となる．ここで，$k_s = D$ とする．また，抗力係数については，**図 6.1** に示すとおりレイノルズ数 $R_{e\star} \equiv u^\star D/\nu$ の関数となることが知られている．以上の関係を用い，式 (6.15) から $\tau_c^\star$ を算出すると，**図 6.2** 中の曲線が得られる．

ここでの式の誘導は，一部において簡易的な取り扱いとなっている．そこで，例えば上記の関数 f の取り扱いなどをさらに厳密に行うならば，図中のIkeda[1] による曲線と同様のものが導かれることになる．このような限界掃流力に関する先駆けとなる研究は，Shields(シールズ) あるいは岩垣 [2] によってなされており，**図 6.2** のような図表を**シールズ図表** (Shields diagram) と呼ぶ．**図 6.2** 中にはそのシールズの曲線も示してある．なお，図中の○印は実測値を表し，図中のいずれの曲線とも比較的よい対応関係にあることがわかる．

シールズ図表を用いて無次元限界掃流力を求めるには，次のような手順を踏むとよい．

6.2. 均一粒径河床上の限界掃流力

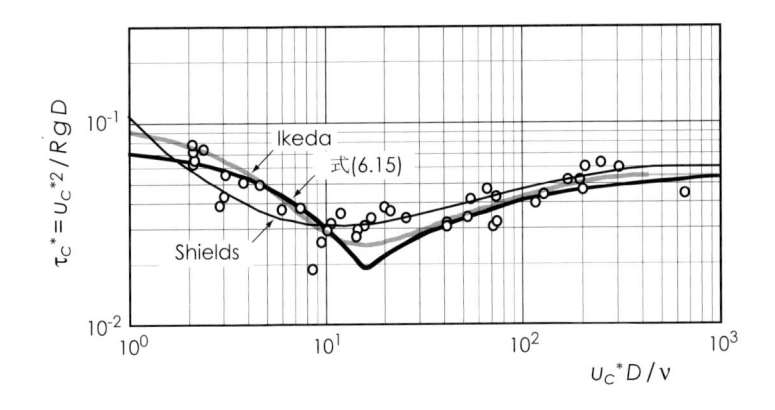

図 6.2 無次元限界掃流力 $\tau_c^\star$ (Shields diagram)

○印は Shields, Iwagaki, Ikeda らによる実測結果

(1) $\tau_c^\star$ の値を仮定する．たとえば，$\tau_c^\star = 0.045$ とする．
(2) $\tau_c^\star$ の定義式を変形すると，$u_c^\star = \sqrt{\tau_c^\star \times RgD}$ となることから，(1) で仮定した $\tau_c^\star$ の値をこの式に代入して $u_c^\star$ を求める．
(3) この値を代入することで，図 6.2 の横軸の変数 $u_c^\star D/\nu$ の値を求める．
(4) (3) で定められた値に対する $\tau_c^\star$ の値を図 6.2 の曲線から読みとる．
(5) (4) で求められた値と (1) で仮定した値が一致しない (あるいはその差がある許容誤差以上である) 場合には，(2) に戻り同じ手順を繰り返す．もし一致するならば，その $\tau_c^\star$ の値が求める無次元限界掃流力である．

このような手順で算定された無次元限界掃流力 $\tau_c^\star$ と粒径 D との関係を図 6.3 に示す．ただし，ここに示されているのは砂礫に対する値であり，シルト以下の微細粒子については対象外とする．

なお，参考までに岩垣により提案されている実験式を以下に示しておく．ここでは，図 6.3 と同様に比重が $\sigma_s = 2.65$ の砂礫を対象とし，粒径 D を cm 単位で表すものとする．

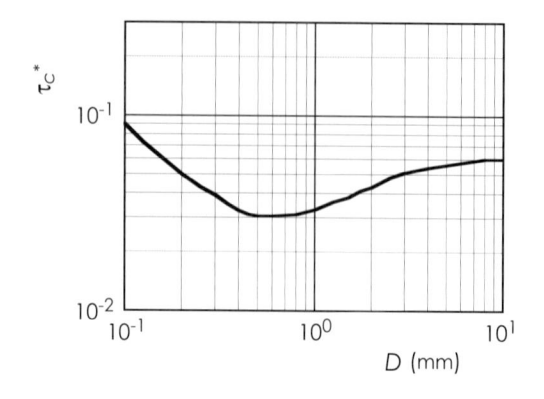

図 6.3 無次元限界掃流力 $\tau_c^\star$ と粒径 D との関係

$$\tau_c^\star = 0.14; \qquad D \leq 0.0065\,(\text{cm})$$
$$\tau_c^\star = 0.0052 \times D^{-21/32}; \qquad 0.0065\,(\text{cm}) \leq D \leq 0.0565\,(\text{cm})$$
$$\tau_c^\star = 0.034; \qquad 0.0565\,(\text{cm}) \leq D \leq 0.118\,(\text{cm}) \qquad (6.18)$$
$$\tau_c^\star = 0.083 \times D^{9/22}; \qquad 0.118\,(\text{cm}) \leq D \leq 0.303\,(\text{cm})$$
$$\tau_c^\star = 0.050; \qquad D \geq 0.303\,(\text{cm})$$

APPENDIX

本文では,流れ方向の力の釣り合い条件式おいて,揚力 F_L の影響を無視したが,これを考慮すると以下のようになる.摩擦力 F_μ は,粒子に作用する面に垂直な方向の合力に比例することから,式 (6.7) で定義された摩擦力は,以下のように修正される.

$$F_\mu = \mu_s \left[\rho R g \left(\frac{\pi D^3}{6} \right) \cos\alpha - \frac{1}{2}\,\rho\,C_L \left(\frac{\pi D^2}{4} \right) |u_b|\,u_b \right] \qquad (6.19)$$

そして,これを考慮して力の釣り合いを表す式 (6.8) を整理し直すと,

$$\frac{u_{bc}^2}{R g D} = \frac{4}{3\,(C_D + \mu_s C_L)\,f^2}\,(\mu_s \cos\alpha - \sin\alpha) \qquad (6.20)$$

が導かれる.

そこで，さらにこれを整理すると，式 (6.15) に代わる式として次式が導かれる．

$$\tau_c^\star \equiv \frac{u_c^{\star 2}}{R\,g\,D} = \frac{4\,\mu_s}{3\,(C_D + \mu_s\,C_L)\,f^2(z_b)} \cos\alpha \left(1 - \frac{\tan\alpha}{\mu_s}\right)$$
$$= \frac{4\,\mu_s}{3\,(C_D + \mu_s C_L)\,f^2(z_b)} \tag{6.21}$$

これが，揚力の影響を考慮した無次元限界掃流力 $\tau_c^\star$ の評価式である．

設問 1

比重 2.65, 粒径 2.0 mm の土砂粒子の限界掃流力を**図 6.2** に示したシールズ図表より求めよ．

正解

$\tau_c^\star = 0.043$ ∎

設問 2

水深 h が 1.0 m，水面勾配 i_w が 1/2000 の等流状態の流れが生じている．また，流路の幅がこの水深に比べて十分に大きいものとし，流路自体を構成している材料が粒径 $D = 2.0\,(\mathrm{mm})$ の均一粒径砂礫であるとする．このとき，流れによってこの砂礫が移動するか否かを判定しなさい．

略解

等流状態にある流れの底面せん断力 τ_o は，

$$\tau_o = \rho\,g\,h\,i_w$$

で評価できることから，無次元掃流力 $\tau^\star$ は，

$$\tau^\star = \frac{\rho\,g\,h\,i_w}{\rho\,R\,g\,D} = \frac{h\,i_w}{R\,D}$$

となる．そこで，与えられた値をこの式に代入すると，$\tau^\star = 0.15$ となる．設問-1 により求められた $\tau_c^\star$ と比較すると，$\tau^\star > \tau_c^\star$ であることから，砂礫は移動すると判断される． ∎

設問 3

長方形断面を持つ流路に単位幅流量 $q = 1.0\,(\mathrm{m^3/s/m})$，水深 $h = 1.0\,(\mathrm{m})$ の流れが生じている．この流れの抵抗をマニングの粗度係数 n によって表すことにし，これが $n = 0.02$ であるとする．また，流路幅が水深に比べて十分大きく，これを構成する材料が粒径 $D = 2.0\,(\mathrm{mm})$ の均一粒径砂礫であるとする．このとき，流れによってこの砂礫は移動するか？

略解

マニングの平均流速公式を適用して，底面せん断力 τ_o を評価する．このとき，平均流速 U は

$$U = \frac{1}{n} h^{2/3} i_w^{1/2} = \frac{h^{1/6}}{n\sqrt{g}} \sqrt{g\, h\, i_w} = \frac{h^{1/6}}{n\sqrt{g}} \times u^\star$$

であることから，

$$\tau_o = \rho\, g\, h\, i_w = \rho\, \frac{n^2 g}{h^{1/3}} \times U^2$$

が成り立つ．そこで，無次元掃流力 $\tau^\star$ は，

$$\tau^\star = \frac{n^2}{h^{1/3}\, R\, D} \times U^2$$

となる．そこで，与えられた値をこの式に代入すると，$\tau^\star = 0.12$ となる．この場合にも流路を構成する砂礫は移動する． ∎

設問 4

長方形断面の直線水路内の流れについて考える．側壁から y の距離にある鉛直断面内の平均流速 u が次式で近似できるものとする．

$$\frac{u}{u_c} = 1 - e^{-k\, \hat{y}}$$

6.2. 均一粒径河床上の限界掃流力

ここに，$\hat{y}$ は y を水路半幅 B_o で除した無次元座標 ($\equiv y/B_o$) であり，u_c は水路中心軸 (厳密には $\hat{y} = \infty$) 上の流速である．また，k は係数であり，抵抗係数 C_f，水深 h，定数 α などの関数として，$k = \left(2\sqrt{C_f}/\alpha\right)^{1/2} \times (B_o/h)$ のように定義される．さらに，この式を水路半幅にわたって積分 (具体的には，$\hat{y}$ について 0 から 1 まで積分) すると，横断面内の平均流速 U と u_c との関係は次のようになる．

$$\frac{U}{u_c} = 1 - \frac{1}{k}\left(1 - e^{-k}\right)$$

以上より，前出の第一式は次のように書き改められる．

$$\frac{u}{U} = \frac{1 - e^{-k\hat{y}}}{1 - \frac{1}{k}\left(1 - e^{-k}\right)}$$

いま，$\alpha = 0.23$, $C_f = 0.01$, $h/B_o = 0.03$, $U = 0.4\,(\text{m/s})$ とすると，$k = 31.1$ となる．また，断面平均流速 U と水路中心軸上の流速 u_c との比は $u_c/U = 1.03$ となる．以上のことを踏まえて，側壁から y の位置の水路床に作用する無次元掃流力 $\tau^\star$ を求めなさい．さらに，この水路が粒径 2 mm の砂礫で構成された移動床であるとき，この水路内で土砂移動が生じる位置を $\hat{y}$ の範囲として示しなさい．

略解

無次元掃流力 $\tau^\star$ は，

$$\tau^\star = \frac{C_f U^2}{R\,g\,D} \times \left(\frac{1 - e^{-k\hat{y}}}{1 - \frac{1}{k}\left(1 - e^{-k}\right)}\right)^2$$

のように書き表される．この式に上記の値を代入し，$\tau^\star$ の横断方向分布を求めると，図 6.4 のようになる．さらに，図中には，粒径 2 mm の砂礫に対する無次元限界掃流力 $\tau_c^\star$ の値も示した．ここで設定した断面平均流速 U に対する $\tau^\star$ を求めると 0.049 となるが，水路全域にわたって土砂移動があるわけではなく，側壁付近では土砂移動が生じないことがわかる． ∎

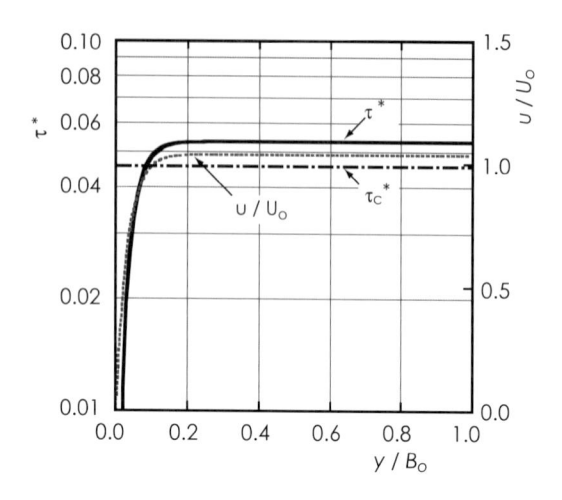

図 6.4 設問-4 の解答

6.3 混合粒径河床における限界掃流力

　河床が混合粒径の土砂で構成される場合には，河床上にある土砂の移動しやすさは，着目する粒子と隣接する粒子の大きさの違いによって変わってくる．たとえば，同一粒径の粒子の間にある粒子よりも，自分よりも細かい粒子の間に突出している粒子のほうが，流れにさらされている面積が大きくなり，その結果，作用する流体力も大きくなる．そこで，このような場合には，土砂は移動しやすくなる．逆に，細かい粒子が，粗い粒子の隙間を埋めるように存在している場合には，細かい粒子は粗い粒子の背後に隠れ，流体の作用をあまり受けないため，移動し難いことになる．このように，周囲を取り巻く粒子の大きさの違いにより，着目する土砂粒子の流れへの露出度が変化し，粒子の移動性が変化する．このような効果のことを**遮蔽効果**と呼ぶ．

　この遮蔽効果は，混合粒径砂礫を構成する粒径ごとに限界掃流力が異なるという結果となって現れる．これについての研究は，Egiazaroff (エギアザロフ)[3]，芦田・道上 [4] らによってなされてきたが，実測値を得ることが難しく，データが乏しいこともあって，理論的に十分に検討し尽くされたとは言い難い．しかし，一つの考え方を知るために，ここでは Egiazaroff および芦

田・道上による研究成果を紹介する．

均一粒径の場合の限界掃流力は，式 (6.15) で表されることがわかった．すなわち，

$$\tau_c^\star \equiv \frac{u_c^{\star 2}}{R\,g\,D} = \frac{4\,\mu_s}{3\,C_D\,f^2(z_b)}$$

である．ここで，議論の簡単化のために，作用流速に関する関数である f を式 (6.17) の対数則ですべて与えられるものとして，式 (4.19) と同様に次のように書き換えておくことにする．

$$f(z_b) = \frac{1}{\kappa}\log_e\left(30\frac{z_b}{k_s}\right)$$

混合粒径からなる河床における相当粗度高さ k_s は，近似的に平均粒径 D_m に等しい，あるいは比例する量であることが知られている．また，粒径 D_i の粒子に作用する流速の作用位置 z_b も粒径に比例すると考えられる．すなわち，

$$k_s = a_K \times D_m$$
$$z_{bi} = a_D \times D_i$$

である．ここに，係数 a_K および a_D は粒径によらない定数である．以上を考慮すると，粒径 D_i の粒子と粒径が平均粒径に等しい粒子に対する限界掃流力は，式 (6.15) より，

$$\tau_{ci}^\star = \frac{4\,\mu_s}{3\,C_D\,f^2(z_{bi})} \qquad \tau_{cm}^\star = \frac{4\,\mu_s}{3\,C_D\,f^2(z_{bm})}$$

となり，C_D が不変と見なせるならば両者の比は，

$$\frac{\tau_{ci}^\star}{\tau_{cm}^\star} = \left[\frac{\log_e\left(30\,\alpha_D\right)}{\log_e\left(30\,\alpha_D\,\frac{D_i}{D_m}\right)}\right]^2 \qquad (6.22)$$

となる．ここに，$\alpha_D = a_D/a_K$ である．Egiazaroff は，この係数 α_D が 0.63 になると考え，次の式を示した．

$$\frac{\tau_{ci}^\star}{\tau_{cm}^\star} = \left[\frac{\log_e\left(19\right)}{\log_e\left(19\,\frac{D_i}{D_m}\right)}\right]^2 \qquad (6.23)$$

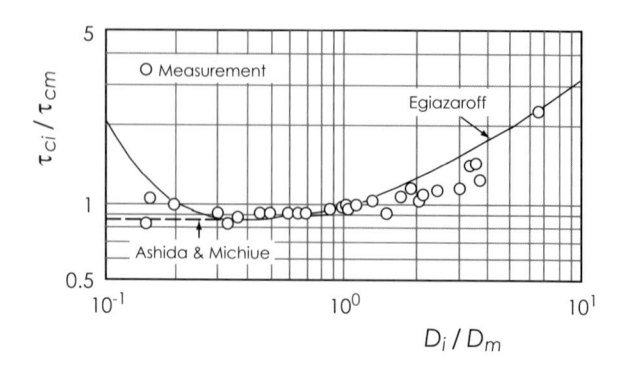

図 6.5 粒径別限界掃流力

あるいは，

$$\frac{\tau_{ci}}{\tau_{cm}} = \left[\frac{\log_e(19)}{\log_e\left(19\frac{D_i}{D_m}\right)}\right]^2 \times \frac{D_i}{D_m} \qquad (6.24)$$

である．これが，Egiazaroff の式として知られる関係である．

ただし，D_i/D_m の値が小さい場合には，C_D が不変という仮定が成り立たなくなるとともに，関数 f として前述の対数則の関係を適用することができなくなる．芦田・道上は，このような点を実測結果をもとに検討し，Egiazaroff の式を以下のように修正すべきであるとした．

$$\frac{\tau_{ci}}{\tau_{cm}} = \begin{cases} 0.85 & \cdots \frac{D_i}{D_m} \leq 0.4 \\ \left[\dfrac{\log_e(19)}{\log_e(19\frac{D_i}{D_m})}\right]^2 \times \frac{D_i}{D_m} & \cdots \frac{D_i}{D_m} > 0.4 \end{cases} \qquad (6.25)$$

この式と実測値とを比較した結果が図 6.5 にまとめられている．もし，$\tau_{ci}/\tau_{cm}=1$ が成り立つならば，掃流力 τ がある限界値 τ_{cm} に達したときにすべての粒径の土砂が移動を開始することになる．これを**等移動の仮説**(Equal Mobility) と呼ぶ．式および図よりわかるように，この仮説は厳密には成り立っておらず，大粒径砂ほど移動しやすいことになる．

このように粒径別の限界掃流力が異なることは，混合粒径砂礫からなる河

道の表面の平均粒径が上流ほど大きく,下流に行くほど小さくなる現象の主たる原因であり,上流ほど河床勾配が大きくなる原因の一つとなっている.なお,前者を縦断方向への**土砂の分級**あるいは**ふるい分け** (Sorting) という.

参考文献

[1] Ikeda, S. : Incipient Motion of Sand Particles on Side Slope, Journal of Hydraulic Division, Proc. of ASCE, Vol.108, No.HY1, 95-114, 1982.

[2] 岩垣雄一:限界掃流力の流体力学的研究,土木学会論文集,第 41 号, 1-21, 1956.

[3] Egiazaroff, I.V. : Calculation of Nonuniform Sediment Concentration, Proc. of ASCE, Journal of Hydraulic Division, 91, HY4, 225-246, 1965.

[4] 芦田和男,道上正規:混合砂礫の流砂量と河床変動に関する研究,京都大学防災研究所年報,第 14 号 B, 259-273, 1971.

第7章

流砂過程と掃流砂量関数

7.1 概説

　前章では，限界掃流力を上回る掃流力が河床に作用した場合に，河床を構成する土砂が移動できることを示し，この限界掃流力が力の釣り合い条件から定まることを説明した．それでは，掃流力がこの限界値を超えている場合には，どれだけの量の土砂が移動するのであろうか．一般に土砂移動そのもののことを**流砂**(Sediment Transport) といい，単位時間当たりの移動体積のことを**流砂量**と呼ぶ．土砂の運動は，掃流力や土砂の粒径の大小によってそのパターンが異なることが知られている．このパターンを左右する重要なパラメータとして，移動床水理学では無次元掃流力 τ^* と，摩擦速度の沈降速度に対する比 u^*/w_o を挙げることができる．両者とも掃流力 (底面せん断力) と重力の比を表す点に相違はなく，同一粒径の土砂に対して掃流力が大きいほど，また，同一の掃流力に対して粒径が小さいほど，ともに大きな値をとる．

　いま，粒径を一定として掃流力を増加させた場合に現れる土砂粒子の運動軌跡を調べてみることにする．ただし，実測によってこの軌跡を求めることが容易でないことから，ここでは数値シミュレーションを通じて得られた結果に基づき議論する．この土砂粒子の運動の軌跡は，第5章で説明した土砂粒子の質点系の運動方程式 (5.19) を数値的に解いた結果であり，水流の乱れについては第4章で説明した乱れの統計的な性質に基づき，乱数を用いたモン

テカルロ・シミュレーションと呼ばれる手法により与えている．その際，河床を構成する粒子と移動粒子との衝突を力学法則に従って合理的に取り扱う必要があることは言うまでもない．この詳細については原論文を参照されたい[1]．ここでは，図 7.1 にその結果のみを示す [2]．図 7.1(a) は粒径を 5.0 mm とした場合の，図 7.1(b)〜(e) は粒径を 0.4 mm とした場合の運動軌跡の一例を示したものであり，水深についてはいずれの場合にも同一の 20.0 cm としている．この図のように，掃流力が小さい場合には，河床面から大きく跳

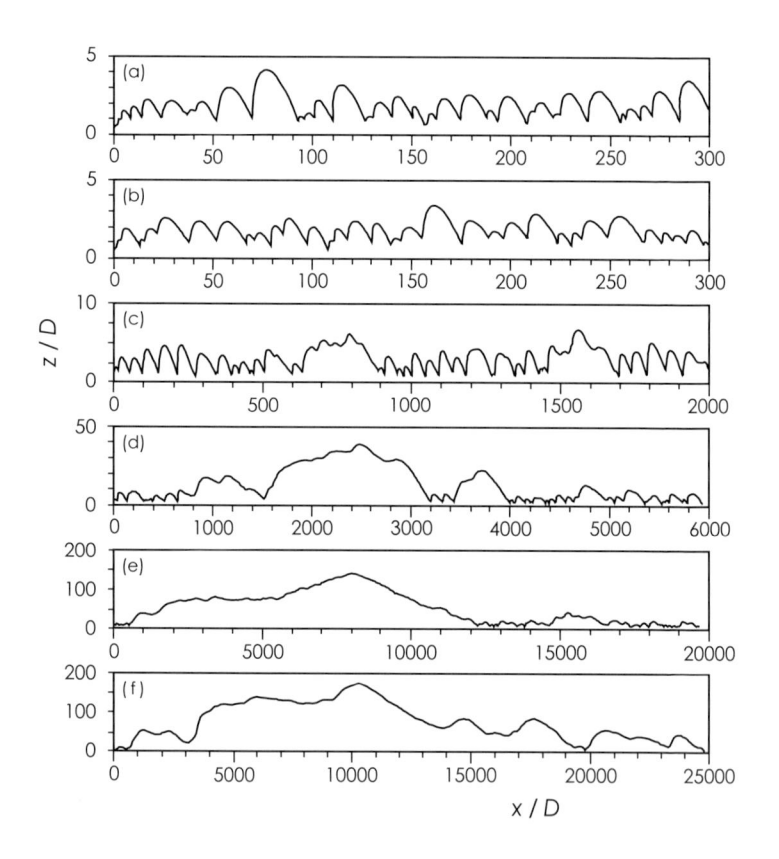

図 7.1 掃流力の違いによる土砂粒子の運動軌跡の変化 [2]

(a) $u^\star/w_o = 0.25 (\tau^\star = 0.2)$, (b) $u^\star/w_o = 0.5$, (c) $u^\star/w_o = 1.0$, (d) $u^\star/w_o = 1.5$, (e) $u^\star/w_o = 2.0$, (f) $u^\star/w_o = 4.0$

ね上がることはなく,河床との衝突により個々の跳躍の規模は異なるものの
その軌跡はかなり規則的である.これに対して,掃流力が増大して,例えば
$u^\star/w_o \geq 1.0$ となると,その軌跡は水流の乱れを受けて揺れを伴うようにな
るほか,一つの跳躍距離が粒径の 1000 倍以上にも及ぶようになる.しかも,
この場合には河床面から大きく離れた高さまで跳ね上がることもある.従来
より,**図 7.1(a)** に見られるような運動形態を**掃流砂**(Bed load) と呼ぶのに対
して,**図 7.1(f)** に見られるような運動形態を**浮遊砂**(Suspended load または
Suspension) と呼ぶことにし,これらは全く別な土砂の移動形式として取り
扱われてきた.そして,その移動量については両者をそれぞれ独立に評価す
る方法が模索され,その評価手法の確立に努めてきたといえる.しかし,従
来の考え方からすれば,例えば**図 7.1 (c)〜(d)** に当たる運動軌跡は,いずれ
も典型的な掃流砂でも浮遊砂でもなく,運動軌跡に注目すると従来理論の綻
びをここに見ることができる.

掃流砂とは,絶えず河床と接触を保ちつつ移動する土砂の流送形式を表し,
滑動 (sliding),転動 (rolling) および跳躍 (saltation) に分類されることがあ
る.これらの移動軌跡はかなり規則的であり,水の乱れの影響をほとんど受
けず,河床の凹凸ゆえに複雑な動きとなる.掃流砂の移動は,河床近傍の薄
い層(これを掃流層と呼ぶ)内に限られ,その厚さはせいぜい粒径の数倍程
度にすぎない.これに対して,**浮遊砂**は水の乱れの影響を顕著に受け,底面
付近から水面まで幅広く分布する.また,その動きはランダムで,漂うよう
なパターンをとり,一度この形式で移動を開始すると,掃流砂よりも長い距
離にわたって流送される.

従来より,このような分類に基づいて,河床からある距離だけ上方に基準
面をとり,これより上にまで土砂の移動があるとすればそれが浮遊砂であり,
それより下では掃流砂として土砂が移動していると考えてきた.ただし,河
床から動き始めた土砂に掃流砂・浮遊砂というラベルが付いているわけでは
なく,これが再び河床に落ちつくまでに掃流砂と判断される動きをしたり,浮
遊砂と見なされる動きをしたりする可能性がある.

このように,従来の流砂の取り扱いについては未だ議論の余地が残されて
いる.そこで,本章では,以下,典型的な掃流砂ならびに浮遊砂についての

従来理論について解説することにしたい．

　浮遊砂については，第8章で詳しく説明することになるが，以下に基本的な考え方についてだけ説明を加えておく．

　浮遊砂の運動は，掃流砂に比べて極めて不規則であり，これは流れの乱れによる影響を顕著に受けるためである．この運動の軌跡は，乱れの作用により土砂に働く流体力を考慮すれば，掃流砂と同一の運動方程式に基づき解くことができる．しかし，流体の乱れ自体が極めて複雑であり，これが土砂粒子に及ぼす影響を定量的に評価することが容易ではなかったことに加え，浮遊砂に関する研究の初期段階において重要な研究を行った Rause（ラウス）の影響が大きいように見受けられる．すなわち，以後この現象を拡散として取り扱うとする考え方が定着した．一般に拡散理論が適用される現象とは，例えば流水中投入された染料が流下方向に広がっていくようなものである．すなわち拡散する物質が水の乱れに十分追随できることが前提であり，そのためには，拡散物質が水との間に顕著な密度差を持たず，その大きさが無視できるくらい小さいことが重要であると考えられる．しかし，土砂の場合には，明らかに密度差を持ち，重力の影響により沈降速度 w_o で下方へ移動する性質を持つため，上記の前提条件が満たされない恐れがある．

　本章では原則として，粒径 D が 0.1〜0.2 mm 程度より大きな砂礫を議論の対象とする．これは，この粒径より小さな微細砂やシルトの場合には，河床から掃流砂の形式をとることなく直接浮上離脱し，浮遊形式の移動をするためであり，このような土砂輸送のことを**ウォッシュロード** (wash load) と呼び，浮遊砂とも区別してきた [3]．ウォッシュロードに関する知見については，第8章で簡単に説明を加えているが，これに関しては十分な情報が得られているとは言い難い．これは，治水にかかわる河川の計画においてこれまでウォッシュロードを問題にすることがあまりなかったことに起因する．しかし，近年，貯水池における濁水の長期化問題や，河道内植生の根元付近へのシルトの堆積など，ウォッシュロードとして輸送されてきた土砂が引き起こすとされる環境問題も少なくない．

7.2 掃流砂の運動の素過程

ここでは，掃流砂としての土砂運動の素過程について説明する．実験水路内に土砂を敷き詰め通水すると，水路床上を滑動・転動あるいは Saltation(サルテーション，小跳躍) する土砂の運動を目にすることができる．掃流砂としてのこのような運動を模式的に表すと図 7.2 のようになる．図の横軸は時間 t を，縦軸は流下距離 x を表しており，図中の実線の傾きが移動速度を表す．掃流砂の運動は，図 7.2 よりわかるようにある時間にわたって移動した後にしばらく水路床上に停止し，その後再び移動を開始する，という間欠的なものである．しかも各々の運動時の移動距離 L_i や各々の停止時間 T_i などは一定ではなく，決定論的に定まるものではない．そこで，このような運動を確率論的に記述しようとする考え方がある．これは，Stochastic model と呼ばれるものであり，Einstein[4] がそのフレーム・ワークを示し，後に中川・辻本らが中心になって発展・確立させた考え方である．この考え方によれば，掃流砂の運動は次の二つのパラメータによって記述されることになる．Step length と Rest period がそれである．Step length とは，図 7.2 に示された L_i のことを指し，一回の運動で移動する距離を表す．一方，Rest period とは，同じ図の T_i のことを指し，土砂の河床での停止時間を表す．これらは前述のとおり確率変数であるため，その平均値を Λ および T_r と定義し，各々を

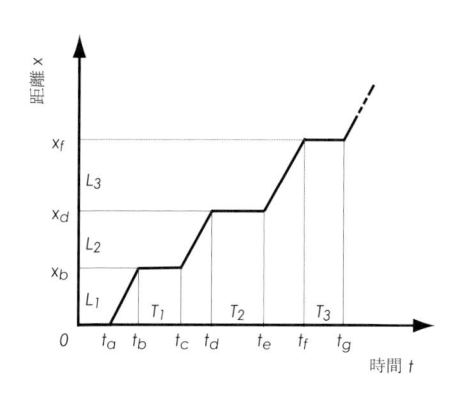

図 **7.2** 運動の素過程を表すジグザグモデル (Einstein[4])

平均 Step length(以下,単に Step length と呼ぶ) および**平均 Rest period**
と呼ぶ.これらの生起確率分布は,実験的な検討などから,次の指数分布に
従うことが確かめられている.

$$f_x(L) = \frac{1}{\Lambda} \times e^{-\frac{L}{\Lambda}}, \ f_t(T) = \frac{1}{T_r} \times e^{-\frac{T}{T_r}} \qquad (7.1)$$

さらに,平均 Rest period の逆数をとり,これを $P_s\ (\equiv 1/T_r)$ と定義する.河
床上に停止した粒子に着目して考えると,平均的には T_r という時間当たり
に 1 個の粒子が移動を開始することになる.このことは,河床にある粒子が
単位時間当たりに移動を開始する確率が P_s であることを意味する.そこで,
P_s のことを**平均離脱率**,あるいは**平均 Pick-up rate**(以下,単に Pick-up
rate と呼ぶ) と呼ぶ.そこで,Step length Λ と Pick-up rate P_s を支配パラ
メータに選んで議論を進める.いま,河床を上方から見たときの単位面積当
たりに存在する土砂粒子の体積を V_b とすれば,これに P_s を乗じた値は単
位時間当たりに河床単位面積から移動を開始した土砂の体積を表すことにな
る.ここに,V_b は,土砂粒子の投影面積ならびに体積に関する形状係数を k_2
および k_3 として $(k_3/k_2) \times D$ と表される.なお粒子を球で近似するならば,
$k_3 = \pi/6, k_2 = \pi/4$ となる.次に,流れ場のある特定の断面を通過する掃流
砂量について考えることにしよう.いま,移動を開始した土砂粒子の平均移
動距離が Λ であるとし,この距離だけ移動した後に河床に再び停止するもの
としよう.また,ここでは着目断面を $x = x_0$ とする.このとき,一連の運
動によってこの断面を通過することになる土砂の移動開始点は,$x = x_0$ から
$x = x_0 - \Lambda$ までの区間となる.いま,河床が浸食も堆積も受けない平衡の状
態にあるものとすれば,この区間の河床から単位奥行き・単位時間当たりに
離脱する土砂の体積は,(河床単位面積当たりに存在する土砂体積 V_b) × (単
位時間・単位面積当たりに河床から離脱する土砂の個数 P_s) × (考慮すべき
区間長 Λ) で表される.これらの土砂は,それぞれの位置を離脱した後に同時
に着目断面にまで到達するわけではなく,ある時刻にこの断面に到達した土
砂のうち遠く離れた点から運ばれてきた土砂ほど,より早い時刻に河床を出
発したものであったことになる.さらに,平衡状態においては,このように
算定された土砂体積が,単位奥行き・単位時間当たりに着目断面を通過する

土砂体積に等しくなければならない．そこで，単位幅当たりの掃流砂量 q_B を定式化すると，次のように書き表されることになる．

$$q_B = V_b \times P_s \times \Lambda \tag{7.2}$$

さらに，次のような無次元変数

$$q_B^\star \equiv q_B/\sqrt{R g D^3}, \quad P_s^\star \equiv P_s \sqrt{D/(R g)}, \quad \lambda \equiv \Lambda/D \tag{7.3}$$

を導入することにすれば，次のような関数関係が導かれる．

$$q_B^\star = (k_3/k_2) \times P_s^\star \times \lambda \tag{7.4}$$

そこで，このような考え方に立つならば，Step length Λ と Pick-up rate P_s が掃流力に応じてどのように変化するのかを解明することができれば，掃流砂量の評価につながるということが理解されよう．中川・辻本の研究はこれらの解明に大きく貢献し，Pick-up rate P_s に関しては図 **7.3**，Step Length Λ に関しては図 **7.4** のような 関係を見出している．図 **7.3** 中の実線は次式で表される中川・辻本による評価式である．

$$P_s^\star \equiv P_s \sqrt{D/(R g)} = 0.03 \times \tau^\star \left(1 - \frac{0.035}{\tau^\star}\right)^3 \tag{7.5}$$

このように，Pick-up rate は，無次元掃流力 $\tau^\star$ に応じて敏感に増減することがわかる．一方，Step length Λ に関しては，一つの目安として粒径の 100 倍程度の値をとることが見てとれるもののばらつきが大きく，これを説明する明確な理論は得られていない．ただし，図 **7.1** に結果の一部を示したように，近年，Saltation モデルによる数値シミュレーションが可能となり，その結果を踏まえて次のような近似的な関係があることが報告されている [1]．そこで，図 **7.4** 中にはその関係を参考までに実線で示してある．

$$\lambda \equiv \frac{\Lambda}{D} = 3.0 \times 10^3 \times \left(\frac{u_\star}{w_o}\right)^{3/2} \left(1 - \frac{u_{\star c}}{u_\star}\right) \tag{7.6}$$

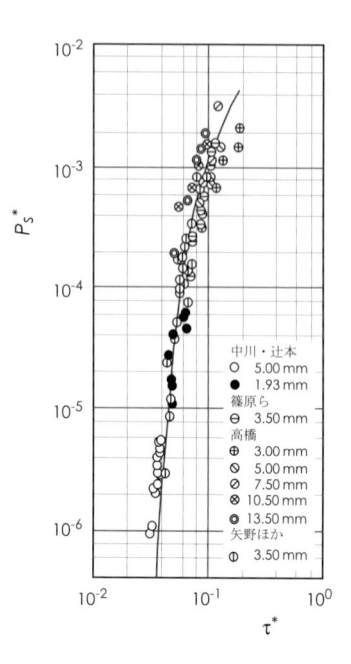

図 **7.3** Pick-up rate と無次元掃流力との関係 [5]

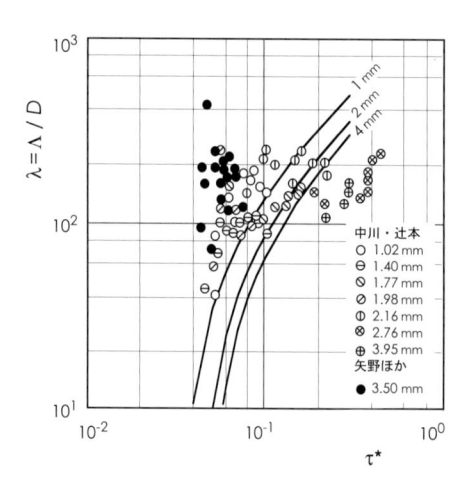

図 **7.4** Step length と無次元掃流力との関係 [6]

7.3 縦断方向掃流砂量

　掃流砂としての土砂移動は，滑動・転動あるいは Saltation のいずれかの形式をとることは既に述べた．このうち，滑動形式を想定した運動の解析は比較的簡単であるため，一例としてこの取り扱いについて説明することにしよう[1]．

　土砂の掃流形式での運動を支配する関係として，ここでは 6.2 節で用いた式 (6.8) と同じ形の関係に依拠する．このことは，土砂が等速運動を行っているものと仮定していることを意味する．ただし，式 (6.8) 中に現れる各項については，次のように書き換える必要がある．まず，式 (6.5) で定義された抗力は次のように書き改められる．

$$F_D = \frac{1}{2} \rho \, C_D \left(\frac{\pi D^2}{4} \right) | u_b - u_p | (u_b - u_p) \tag{7.7}$$

ここに，u_b は移動土砂粒子に作用する水の流速，u_p は粒子の移動速度である．また，摩擦力を表す式 (6.7) については，式中の摩擦係数を動摩擦係数 μ_d とする必要がある．こうしたことを考慮に入れた上で，式 (6.13) に相当する式を導くと，次のようになる．

$$\frac{(u_b - u_p)^2}{R \, g \, D} = \frac{4}{3 C_D} (\mu_d \cos\alpha - \sin\alpha) \tag{7.8}$$

さらに，式 (6.13), (6.15) を使って変形すると，

$$\hat{u}_p \equiv \frac{u_p}{\sqrt{R \, g \, D}} = f(z_b) \times \left(\sqrt{\tau^\star} - \sqrt{\chi_\mu} \sqrt{\tau_c^\star} \right)$$

となる．ここに，$\chi_\mu = \mu_d / \mu_s$ であり，これが 1 に等しいものとすれば，土砂の移動速度に関する次の式が得られる．

$$\hat{u}_p \equiv \frac{u_p}{\sqrt{R \, g \, D}} = f(z_b) \times \left(\sqrt{\tau^\star} - \sqrt{\tau_c^\star} \right)$$

---

[1] ただし，限界掃流力に近い掃流力範囲を除くと，掃流砂としての土砂移動はほぼ Saltation 形式となると考えられるため，厳密には運動方程式である式 (5.19) に依拠して解析することが望ましい．しかし，これを解析的に解くことは容易でなく，7.1 節で説明したような数値シミュレーションによらざるを得ない．このようにして導かれた掃流砂量関数として Sekine and Kikkawa の式 [1] などがあるが，これについてここでふれることはしない．

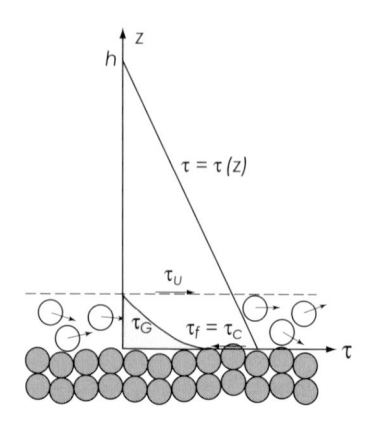

図 7.5 Bagnolds の仮説による掃流層のモデル化

　移動土砂の濃度の総和 ξ については，掃流層（掃流砂が移動をしている河床付近の薄い層）内の土砂混じりの連続体に働く運動量の釣り合いを考えることにより求めることにしよう．模式図を図 7.5 に示す．ここでは，水流によるせん断力が，掃流層の上下面でそれぞれ τ_u および τ_b であるとする．まず，掃流層の下面で作用するせん断力 τ_b について見ると，これが，粒子の限界掃流力 τ_c に等しくないとすれば何が起こるであろうか．このことを河床面を通じての土砂の収支の面から考える．もし，τ_b が τ_c より大きければ，掃流層内にある土砂よりも多くのものが移動可能となり，結果として堆積量よりも浸食量のほうが多くなるため，河床面はさらに低下するであろう．また，逆に小さければ，河床からの供給量がゼロということになり，堆積量の分だけ河床面が上昇するであろう．いずれにしても移動土砂量と掃流力とはバランスがとれていないことを意味し，ここで考えようとしている定常状態とは異なる．したがって，$\tau_b = \tau_c$ が成り立っているとしか考えられないという結論に達する．これが Bagnolds（バグノルズ）の仮説[2]と呼ばれるものである．一方，層の上面に作用するせん断力は，掃流層の厚さが水深に比べて十分に小さいものと近似すると，これが掃流層がない場合の底面せん断力に等しい

---

[2] 最近になってこの仮説を疑問視する声が上がっている．著者も同様に考えているが，ここでは敢えてこれに依拠することで行われた式の誘導について説明している．

と考えることができる．また，河床単位面積上に存在する土砂の水中重量は $\rho R \xi g$ であるので，この土砂に作用する重力の流下方向成分は $\rho R \xi g \sin\alpha$ となる．また，移動粒子塊と底面との間では，摩擦力 $\mu_d \rho R \xi g \cos\alpha$ が作用する．以上に基づき，運動量の釣り合い式は，次のようになる．

$$\tau + \rho R g \xi \sin\alpha - \mu_d \rho R g \xi \cos\alpha - \tau_c = 0 \qquad (7.9)$$

これを整理すると，

$$\tau^\star + \xi^\star \sin\alpha - \mu_d \xi^\star \cos\alpha - \tau_c^\star = 0 \qquad (7.10)$$

となる．さらに，

$$\xi^\star \equiv \frac{\xi}{D} = \frac{1}{\cos\alpha \left(1 - \frac{\tan\alpha}{\mu_d}\right)} \frac{\tau^\star - \tau_c^\star}{\mu_d} \fallingdotseq \frac{\tau^\star - \tau_c^\star}{\mu_d} \qquad (7.11)$$

これが河床単位面積上に存在する掃流土砂の体積の無次元量である．

流路単位幅当たりの掃流砂量 q_B は，河床単位面積上方にある土砂体積 ξ に，土砂の移動速度 u_p をかけることにより，

$$q_B = \xi \times u_p$$

または

$$q_B^\star \equiv \frac{q_B}{\sqrt{RgD}D} = \xi^\star \times \hat{u}_p \qquad (7.12)$$

として定義できる．そこで，式 (7.12) に式 (7.8) および式 (7.11) を代入すると，次式を得る．

$$q_B^\star = K (\tau^\star)^{3/2} \left(1 - \sqrt{\frac{\tau_c^\star}{\tau^\star}}\right) \left(1 - \frac{\tau_c^\star}{\tau^\star}\right) \qquad (7.13)$$

ここに，$K \equiv f(z_b)/\mu$ である．

このようにして導かれた式が芦田・道上の掃流砂量式 [7] と呼ばれるものであり，彼らによれば式中の係数は $K = 17$ となる．

式 (7.13) のような掃流砂量関数は，これまで数多くの研究者によって提案されている．これらの式は，$\tau^\star \geq \tau_c^\star$ に対してのみ意味を持ち，$\tau^\star < \tau_c^\star$ の場合には土砂移動は生じないため，$q_B^\star = 0$ となる．

流砂量関数には，このほかにも確率論的手法を用いて導かれた Einstein の掃流砂量関数 [4] や佐藤・吉川・芦田の式 [8] などがあり，近年では Saltation モデルを用いた数値シミュレーションの結果として Sekine and Kikkawa[1] が関係式を導いている．ここでは，紙面の関係でこれらについて説明することはしない．一方，Meyer-Peter and Müller（メイヤー・ペータ，ミューラー）は，膨大な実験データを整理しこれらに最もよく適合するように経験公式を導いている．彼らによる式は，式形が極めて単純であるために実務や理論解析の際に用いられることが多い．

$$q_B^\star = 8.0 \times (\tau^\star)^{3/2} \left(1 - \frac{\tau_c^\star}{\tau^\star}\right)^{3/2} \tag{7.14}$$

図 **7.6** は 式 (7.13) と式 (7.14) の二つの掃流砂量式を図示したものである．

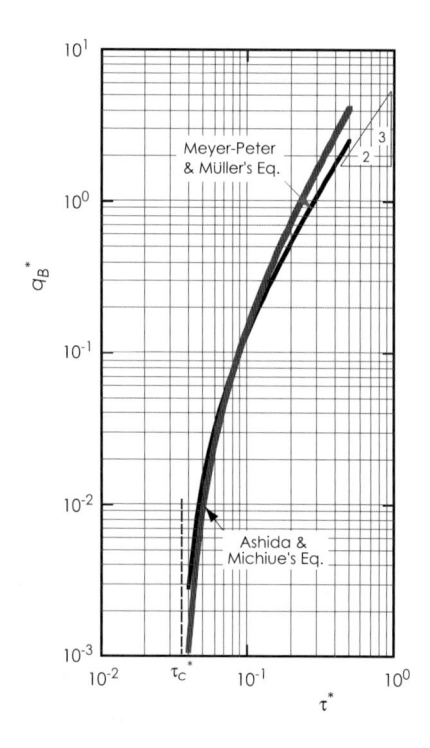

図 **7.6** 無次元掃流砂量関数 $q_B^\star$

ここでは，$\tau_c^\star = 0.035$ とした．

設問

第6章の[設問-2]の条件下で移動する掃流砂量を，式(7.13)および式(7.14)より求め，比較せよ．

略解

$\tau_c^* = 0.043$, $\tau^* = 0.15$ より式(7.13)に基づき計算すると $q_B^* = 0.327$, 式(7.14)に基づき計算すると $q_B^* = 0.280$ となる．これを次元を持った値に直すと，前者は $1.18\,\mathrm{cm^3/s/cm}$，後者は $1.01\,\mathrm{cm^3/s/cm}$ となる．■

7.4 横断方向掃流砂量

河床が縦断方向のみならず横断方向にも傾斜している場合には，掃流砂は流下方向のみならず横断方向にも成分を持つことになり，掃流砂ベクトル $\vec{q}_B$ は次のように定義される．すなわち，

$$\vec{q}_B \equiv (q_{Bx},\ q_{By}) = q_{Bx} \times (1,\ \tan\psi_p) \tag{7.15}$$

である．また，土砂の移動速度ベクトル $\vec{u}_p$ は，掃流砂量ベクトル $\vec{q}_B$ と平行となり，移動方向角を ψ_p として次のように定義される．

$$\vec{u}_p \equiv (u_p,\ v_p) = u_p \times (1,\ \tan\psi_p) \tag{7.16}$$

同様に，河床近傍における流速ベクトルも横断方向成分を持つことになり，その方向角を ψ_τ として，

$$\vec{u}_b \equiv (u_b,\ v_b) = u_b \times (1,\ \tan\psi_\tau) \tag{7.17}$$

と定義される．このとき，底面せん断力ベクトル $\vec{\tau}$ は，

$$\vec{\tau} = \tau \times (1,\ \tan\psi_\tau) \tag{7.18}$$

となる．ここでは，7.3節で説明した考え方を横断方向に ω だけ傾いた河床上の土砂移動に拡張し，横断方向流砂量式を誘導する．ただし，ω に関しては，

y 軸方向に下っていく向きを正とし，河床高を η とすると，$\tan\omega \equiv -\partial\eta/\partial y$ と定義される．また，河床の平均的な縦断勾配が 1/100 程度とあまり大きくないことを考慮して，ここでは，横断方向勾配の影響のみを反映した関係式を導くことにする[3]．

前節で考えたように，粒子に働く力の釣り合いを考える．ここでも，考慮すべき力を，抗力ベクトル $\vec{F}_D$，重力ベクトル $\vec{F}_G$，摩擦力ベクトル $\vec{F}_\mu$ とすると，釣り合い式は，

$$\vec{F}_D + \vec{F}_G + \vec{F}_\mu = 0 \tag{7.19}$$

となる．ここに，第二項にかかわる重力加速度ベクトル $\vec{g}$ は，次式で定義される．なお，括弧内には，x, y および z 方向成分をそれぞれ表してある．

$$\vec{g} = g \times (0,\ \sin\omega,\ -\cos\omega) \tag{7.20}$$

また，式 (7.19) 中のベクトルは，次のように定義される．

$$\vec{F}_D = \frac{1}{2}\rho C_D \left(\frac{\pi D^2}{4}\right) |\vec{u}_b - \vec{u}_p| (\vec{u}_b - \vec{u}_p) \tag{7.21}$$

$$\vec{F}_G = \rho R g \left(\frac{\pi D^3}{6}\right) \times (0,\ \sin\omega) \tag{7.22}$$

$$\vec{F}_\mu = -\mu_d \rho R g \left(\frac{\pi D^3}{6}\right) \cos\omega \times (\cos\psi_p,\ \sin\psi_p) \tag{7.23}$$

これらを代入して，流下方向 x および横断方向 y の力の釣り合い式を整理すると，次式が得られる．

$$\frac{|\vec{u}_b - \vec{u}_p|(u_b - u_p)}{RgD} = \frac{4}{3C_D}\mu_d \cos\omega \cos\psi_p \tag{7.24}$$

$$\frac{|\vec{u}_b - \vec{u}_p|(v_b - v_p)}{RgD} = \frac{4}{3C_D}(\mu_d \cos\omega \sin\psi_p - \sin\omega) \tag{7.25}$$

---

[3] 河床 (あるいは地形表面) が横断方向のみならず，流れ方向にも有意な角度で傾斜しているようなことはないかといえば，実はかなり一般的にこのようなことが起こっている．たとえば，第 10 章で説明する交互砂州の幾何形状を調べると，その前縁部は流れに対して斜めに傾いた面となっており，しかも角度は安息角に至るほどの急なものとなる．そこで，例えばこのような面上での土砂移動を評価する目的で，ここで説明するような掃流砂量関数を適用することは，必ずしも望ましいとはいえない．このような場合に適用するために拡張された掃流砂量関数がいくつか提案されており，必要に応じてそちらを参照することをお勧めしたい．

なお，これらの式は，式 (7.8) に相当するものであり，これがここで考慮すべき基礎方程式である．

これらの式を以下の手順に従って解いていく．

まず，第一に，横断方向に傾いた斜面上での粒子の限界掃流力について考える．すなわち，式 (7.24), (7.25) において，土砂の移動速度ベクトル $\vec{u}_p$ を零ベクトルとし，掃流力ベクトルをその極限として次式で表される限界掃流力ベクトルに漸近させる．

$$\tau_c = |\vec{\tau}|_c = \left.\sqrt{\tau_x^2 + \tau_y^2}\right|_c \tag{7.26}$$

$$f^2 \frac{\tau_c}{\rho} (\cos\psi_\tau, \sin\psi_\tau) = (u_b \mid \vec{u_b} \mid, v_b \mid \vec{u_b} \mid) \tag{7.27}$$

ここに，f は式 (6.14) で定義された係数である．さらに，$\omega = 0$ のときの限界掃流力の値が式 (6.15) で表されることを考慮し，これを $\tau_{co}^\star$ と表すことにすると，次式が導かれる．

$$\left(\frac{\tau_c^\star}{\tau_{co}^\star}\cos\psi_\tau\right)^2 + \left(\frac{\tau_c^\star}{\tau_{co}^\star}\sin\psi_\tau + \frac{1}{\mu_s}\sin\omega\right)^2 = \cos^2\omega \tag{7.28}$$

この式が斜面上での限界掃流力を求める式である．この式で，

$$\tau_c^\star/\tau_{co}^\star = 0$$

とすると，

$$\omega = \tan^{-1}\mu_s \equiv \phi$$

となる．このことは，横断勾配 ω が安息角 ϕ に等しくなると，限界掃流力はゼロとなり，流れの作用がなくても重力の作用だけで移動を開始することを意味する．

参考までに，流れの横断方向成分がない場合には，$\psi_\tau = 0$ となり，式 (7.28) は単純化されて，

$$\frac{\tau_c^\star}{\tau_{co}^\star} = \cos\omega\sqrt{1 - \left(\frac{\tan\omega}{\mu_s}\right)^2} \tag{7.29}$$

となる．

次に，土砂の移動方向について考える．これは，式 (7.24), (7.25) を解くことにより以下のように導かれるが，誘導の詳細はここでは省略し，最終的な式形のみ示す．

$$\frac{q_{By}}{q_{Bx}} \equiv \tan\psi_p = \tan\psi_\tau + \frac{\chi_\mu^{1/2}\Gamma}{\mu_d}\sqrt{\frac{\tau_{co}^\star}{\tau^\star}}\tan\omega \tag{7.30}$$

$$\Gamma = \left(\frac{1+\tan^2\psi_\tau}{\sqrt{1+\tan^2\psi_r}}\frac{\cos\omega}{\cos\psi_p}\right)^{1/2} \tag{7.31}$$

$$\tan\psi_r = \tan\psi_p - \frac{1}{\mu_d}\frac{\tan\omega}{\cos\psi_p} \tag{7.32}$$

ここに，$\chi_\mu = \mu_d/\mu_s$ であり，また，ψ_r は次式で定義される角度である．

$$\psi_r = \arctan\left(\frac{v_b - v_p}{u_b - u_p}\right)$$

以上が，横断勾配 ω が安息角 ϕ に近い角度であっても適用可能な関係式であり，厳密には式 (7.30) から式 (7.32) を満足するように $\tan\psi_p$ を求めればよいことになる．一方，もし傾斜角 ω および $\psi_\tau, \psi_r, \psi_p$ が，

$$\cos\omega = \cos\psi_p \approx 1, \quad \tan\psi_\tau \approx \psi_\tau, \quad \tan\psi_r \approx \psi_r$$

と近似できるくらい小さいとすれば，式 (7.30) は，近似的に次のようになる．

$$\frac{q_{By}}{q_{Bx}} \equiv \tan\psi_p = \frac{v_b}{u_b} + \frac{1}{\sqrt{\mu_d\,\mu_s}}\sqrt{\frac{\tau_{co}^\star}{\tau^\star}}\tan\omega \tag{7.33}$$

これが，横断方向掃流砂量の縦断方向掃流砂量に対する比を表す式である．この式 (7.33) が長谷川の**横断方向掃流砂量式**[9] として知られるものであり，関連する解析において最も適用されてきた関係であるといえる．一方，μ_s と μ_d とが等しいとして $\chi_\mu = 1$ と近似すれば，次のように書き換えられる．

$$\frac{q_{By}}{q_{Bx}} = \frac{v_b}{u_b} + \frac{1}{\mu_d}\sqrt{\frac{\tau_{co}^\star}{\tau^\star}}\tan\omega \tag{7.34}$$

これらの関係式の妥当性を調べるため，図 **7.7** には実測値との比較結果を示してある．山坂・池田・木崎の実験は，二次流の影響が無視できる直線風洞の

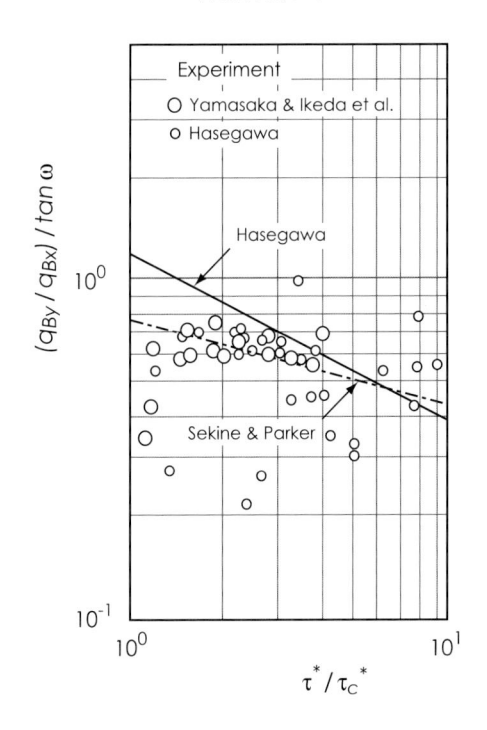

図 7.7 横断方向掃流砂量関数 q_{By} の縦断方向成分 q_{Bx} に対する比

中で行われ，対象とした砂の50%粒径は0.70 mm，横断方向傾斜角 ω は0°～25°であった．また，長谷川の実験は，同様の条件下にある直線水路内で行われ，50%粒径は0.425 mm，ω は17°～32°であった．これらの実験では q_{By} を直接計測しているため，図の作成に当たっては式 (7.14) により縦断方向流砂量 q_{Bx} を評価することにした．一方，図中の実線が，$\mu_d = 0.7$，$\mu_s = 1$ とした長谷川の式 (7.33) の関係である．なお，同図中には，参考までに Sekine and Parker[10] によって数値シミュレーションの結果として導かれた次の関係を示してある．

$$\frac{q_{By}}{q_{Bx}} = \frac{v_b}{u_b} + 0.75 \times \left(\frac{\tau_{co}^\star}{\tau^\star}\right)^{1/4} \tan\omega \qquad (7.35)$$

この実験データとの対応関係を見る限り，式 (7.35) のほうが実測値の傾向を

うまく説明できる．

最後に，これまで説明してきた関係式から掃流砂量ベクトルを評価するための方法について整理しておく．

(1) シールズ図表より，対象とする砂礫に対する無次元限界掃流力 $\tau_{co}^\star$ を求める．次に式 (7.28)，あるいは (7.29) から $\tau_c^\star$ を評価する．

(2) 注目する点における掃流力 $|\vec{\tau}_o|$ を前出の式 (1.25) から評価し，これを無次元化した値として $\tau^\star$ を評価する．この値と (1) で求められた $\tau_c^\star$ を例えば式 (7.13) あるいは式 (7.14) に代入し，掃流砂量ベクトルの大きさ $|\vec{q}_B|$ を求める．

(3) 次に式 (7.30)，あるいは式 (7.33) のような関数を用いて掃流砂量の比を求め，その値に応じて $\vec{q}_B$ の各方向成分に分解する．すなわち，

$$(q_{Bx}, q_{By}) \equiv |\vec{q}_B| \times (\cos\psi_p, \sin\psi_p) \tag{7.36}$$

7.5 混合粒径砂礫からなる河床における掃流砂量

7.4 節では，河床が均一粒径砂礫からなる場合の掃流砂量の評価法について説明したが，ここでは，均一粒径砂礫に対して導かれた関係を混合粒径砂礫の場合にどのように拡張して用いるべきかについてのみ簡単にふれておく．

ここでは，6.3 節で説明したように，河床に存在するすべての粒径の砂礫をある粒径幅を持つ複数の階層に分割して考える．そして，階層 i に属する土砂粒子が全体に対して占める割合を F_i とする．このとき，単位幅当たりの掃流砂量 q_{Bi} は，例えば前出の掃流砂量関数によって評価される値 $\hat{q}_{Bi}$ にこの比率 F_i を乗じた値に等しいと考えることができる．

$$q_{Bi} = F_i \times \hat{q}_{Bi}\left(\tau_i^\star, \tau_{ci}^\star\right) \tag{7.37}$$

ここに，粒径階層 i の土砂の無次元限界掃流力 $\tau_{ci}^\star$ は，前出の遮蔽関数 $H_i = \tau_{ci}/\tau_{cm}$ との関係で，次のように書き表される．

$$\tau_{ci}^\star = \frac{\tau_{ci}}{\rho\,R\,g\,D_i} = \frac{\tau_{ci}}{\tau_{cm}} \times \frac{\tau_{cm}}{\rho\,R\,g\,D_i} = H_i \times \tau_{cm}^\star \times \left(\frac{D_m}{D_i}\right) \tag{7.38}$$

ここに，$\tau_{cm}^\star$ はこの粒度分布の平均粒径 D_m に対する無次元限界掃流力で，シールズ図表からこれを求めることができる．さて，掃流砂量関数として Meyer-Peter and Müller の式 (7.14) を適用することにすれば，$\hat{q}_{Bi}$ は，次のように整理される．

$$\begin{aligned}
\hat{q}_{Bi} &= 8.0 \times \sqrt{R\,g\,D_i^3} \times (\tau_i^\star - \tau_{ci}^\star)^{3/2} \\
&= 8.0 \times \sqrt{R\,g\,D_i^3} \times \left[\frac{\tau_o}{\rho\,R\,g\,D_i} - H_i \times \tau_{cm}^\star \times \left(\frac{D_m}{D_i}\right)\right]^{3/2} \\
&= 8.0 \times \sqrt{R\,g\,D_m^3} \times (\tau_m^\star - H_i \times \tau_{cm}^\star)^{3/2} \qquad (7.39)
\end{aligned}$$

いま仮に遮蔽関数 H_i が粒径階層によらず 1 に等しいとするならば，次元を持った変数である $\hat{q}_{Bi}$ が次のような関係を満足してしまうことに気づくであろう．すなわち，(1) 掃流力 τ_o を増大させていくと，これがある値を超えたときに，すべての粒径階層の土砂が一斉に移動限界を超えて移動するようになること，(2) $\hat{q}_{Bi}$ は粒径によらず等しい値をとること，などである．ところが，実際には，**図 6.5** や式 (6.24)，(6.25) に示したとおり，遮蔽関数 H_i は粒径に応じて変化し，必ずしも 1 に等しいわけではない．後述するように地形変動と連動して土砂の分級が引き起こされるのは，H_i が 1 に等しいとはいえないことに起因するといわれており，混合粒径砂礫の場合には粒径階層間で微妙なバランスをとりながら，地形ならびに粒度分布が変動していくと考えられる．

参考文献

[1] Sekine, M. and Kikkawa, H. : Mechanics of saltating grains, Journal of Hydraulic Engineering, ASCE, Vol.118, No.4, 536-558, 1992.

[2] 関根正人，小川田大吉，佐竹宣憲：Bed Material Load の流送機構に関する研究，土木学会論文集，第 545 号/II-36，23-32，1996.

[3] 金屋敷忠儀，芦田和男，江頭進治：山地流域における濁質物質の生産．流出モデルに関する研究，第 24 回水理講演会論文集，143-151，1980.

[4] Einstein, H. A. : The bed-load function for sediment transportation in open channel flows, USDA, Soil Conservation Service, Technical Bulletin, No. 1026, 1-71, 1950.

[5] 中川博次，辻本哲郎：水流による砂れきの移動機構に関する基礎的研究，土木学会論文報告集，第 244 号，71-80，1975.

- [6] 中川博次,辻本哲郎:掃流過程の確率モデルとその一般化,土木学会論文報告集,第 291 号,73-83,1979.
- [7] 芦田和男,道上正規:移動床流れの抵抗と掃流砂量に関する基礎的研究,土木学会論文報告集,第 206 号,56-69,1972.
- [8] 佐藤清一,吉川秀夫,芦田和男:河床砂礫の掃流運搬に関する研究 (1),建設省土木研究所報告,第 98 号,1958.
- [9] 長谷川和義:沖積蛇行の平面および河床形状と流れに関する水理学的研究,北海道大学学位論文,1983.
- [10] Sekine, M. and Parker, G. : Bed-Load Transport on Transverse Slope, Journal of Hydraulic Engineering, ASCE, Vol.118, No.4, 513-535, 1992.

第8章

物質の乱流拡散と浮遊砂理論

8.1 概説

　水にある種の固体物質が混入し，これが水と一体化して流れるような現象について考えよう．このような流れは一般に**固液混相流**と呼ばれる．混相流には，この固液混相流のほかに，固体と気体からなる固気混相流や気体と液体からなる気液混相流がある．固液混相流は，固体物質と水とが同一の移動速度で輸送されるとして一つの流体と見なして解析される．

　いま，水と固体物質からなる混相流体の全体積を V_T とし，この中に含まれる水の体積を V_W，物質の体積を V_S とすると，流体中の固体物質の**体積濃度** c は次のように定義される．

$$c = \frac{V_S}{V_T} = \frac{V_S}{V_W + V_S} \tag{8.1}$$

ところで，実際の水域に生じる混相流の場合についていえば，その体積濃度は数千から数万 ppm (part per million) 程度が上限であろう．そこで，$V_S \ll V_W$ が成り立つことから，近似的に次のように表すことができる．

$$c = \frac{V_S}{V_W} \tag{8.2}$$

　次に，流れの中のある微小断面 (断面積を ΔA) を時間 Δt の間に通過する水の体積を求めると，これは $V_W = u \times \Delta A \times \Delta t$ となる．ここに，u はこの

断面を通過する流れの法線方向成分である.そこで,式 (8.2) より,固体物質の通過体積は $V_S = c \times u \times \Delta A \times \Delta t$ となる.いま,単位面積当たり,単位時間当たりの物質の通過体積を F_s と表すことにすると,次の式が成り立つ.

$$F_s = c \times u \tag{8.3}$$

ここに,F_s は一般に **Flux**(フラックス) と呼ばれる物理量である.

また,河川の横断面を通過する水の流量を Q と書くと,この同じ断面を単位時間当たりに通過する物質の体積 Q_s は,

$$Q_s = C \times Q \tag{8.4}$$

と表される.ここに,C は横断面内の平均濃度である.

いま,この固体物質として 0.1〜0.2 mm より小さな極細砂やシルトを想定し,これが水とともに輸送されるような固液混相流について考えると,ウォッシュロードを伴う水の流れがこの代表例といえよう.本書では,ウォッシュロードについて詳しく説明することはしないが,その輸送量ならびに濃度についてのみ観測結果に基づき簡単にふれておきたい.現地河川において行われてきた観測結果を整理すると,その輸送量および濃度と水の流量との間には概ね次のような関数関係が成り立つといわれている.

$$Q_s = \alpha \times Q^n;\ \ C = \alpha \times Q^{n-1} \tag{8.5}$$

ただし,この式は流量 Q と流送土砂量 Q_s の単位を m^3/s とすることにより導かれたものであり,べき数 n はほぼ 2.0,係数 α は 4×10^{-8}〜6×10^{-6} 程度の値をとるとされる.なお,α については水系ごとに異なる値が報告されており,例えば構造線沿いの地質的にもろい地形上の河川や浸食を受けやすいシラス台地のようなところを流れる川の場合には,α が比較的大きな値をとるとされている.図 **8.1** に実河川において観測されたウォッシュロードの輸送土砂量 Q_s と流量 Q の関係を示してある [1].図中には,観測時の流量範囲が比較的広い河川のデータをまとめて示した.図中の実線は $\alpha = 1.0 \times 10^{-7}$ とした場合の式 (8.5) を表しており,全国平均で見れば概ねこの程度の値となる.ただし,この式 (8.5) はあくまでも経験的な式であり,その背後にあるメカニズムについては今後の研究の進展を待つほかない.

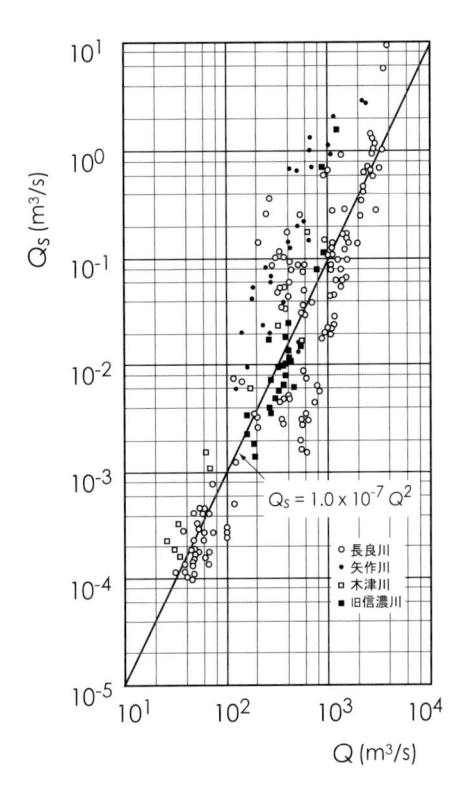

図 8.1 実河川で計測されたウォッシュロードの輸送量と流量との関係

8.2 物質の移流拡散方程式

本節では，水流中を輸送される物質の体積保存の関係を表す支配方程式を誘導する．いま，流れの中に微小な大きさを持つ直方体状のコントロール・ボリュームをとり，各々の面を通してこのコントロール・ボリュームに出入りするフラックスを評価すると，次のようになる．

$$F_{sx} = c\,u,\ F_{sy} = c\,v,\ F_{sz} = c\,w \tag{8.6}$$

そこで，この物質の輸送量に関する体積保存式を立てると次のようになる．

$$\frac{\partial c}{\partial t} + \frac{\partial (c\,u)}{\partial x} + \frac{\partial (c\,v)}{\partial y} + \frac{\partial (c\,w)}{\partial z} = 0 \tag{8.7}$$

ここに，u, v, w は混相流の輸送速度である．いま，流れが乱流状態にあり，混相流の流速ならびに物質の濃度が平均値のまわりに時間的に変動しているものとすると，次のように表される．

$$u = \bar{u} + u', \ v = \bar{v} + v', \ w = \bar{w} + w', \ c = \bar{c} + c' \tag{8.8}$$

ここで，例えば $\bar{u}$ は時間平均値を，u' は変動成分を表す．ここでの考え方はレイノルズ方程式を誘導する際に用いたものと同様である．さて，これを式 (8.6) に代入し，時間平均化操作を施すと，各々の方向へのフラックスは，

$$\bar{F}_{sx} = \bar{c}\bar{u} + \overline{c'u'}, \ \bar{F}_{sy} = \bar{c}\bar{v} + \overline{c'v'}, \ \bar{F}_{sz} = \bar{c}\bar{w} + \overline{c'w'} \tag{8.9}$$

のようになる．そこで，式 (8.7) は次のように書き換えられる．

$$\frac{\partial \bar{c}}{\partial t} + \frac{\partial (\bar{c}\bar{u} + \overline{c'u'})}{\partial x} + \frac{\partial (\bar{c}\bar{v} + \overline{c'v'})}{\partial y} + \frac{\partial (\bar{c}\bar{w} + \overline{c'w'})}{\partial z} = 0 \tag{8.10}$$

ここに，$\overline{c'u'}, \overline{c'v'}, \overline{c'w'}$ は乱れによるフラックスの成分を表し，これが定式化されなければ具体的に式 (8.10) を解くことはできない．この定式化については乱流の複雑さゆえに厳密にこれを行うことは容易ではないため，通常，Boussinesq (ブーシネスク) 近似を用いて，次のように書き表される．

$$-\overline{c'u'} = \epsilon_{sx} \frac{\partial \bar{c}}{\partial x}, \quad -\overline{c'v'} = \epsilon_{sy} \frac{\partial \bar{c}}{\partial y}, \quad -\overline{c'w'} = \epsilon_{sz} \frac{\partial \bar{c}}{\partial z} \tag{8.11}$$

ここに，$\epsilon_{sx}, \epsilon_{sy}$ および ϵ_{sz} は x, y および z 方向への物質の濃度拡散係数である．この関係を式 (8.10) に代入すると，次の式が導かれる．

$$\begin{aligned}
&\frac{\partial \bar{c}}{\partial t} + \frac{\partial \bar{c}\bar{u}}{\partial x} + \frac{\partial \bar{c}\bar{v}}{\partial y} + \frac{\partial \bar{c}\bar{w}}{\partial z} \\
&= \frac{\partial}{\partial x}\left(\epsilon_{sx} \frac{\partial \bar{c}}{\partial x}\right) + \frac{\partial}{\partial y}\left(\epsilon_{sy} \frac{\partial \bar{c}}{\partial y}\right) + \frac{\partial}{\partial z}\left(\epsilon_{sz} \frac{\partial \bar{c}}{\partial z}\right)
\end{aligned} \tag{8.12}$$

これが物質の乱流拡散を支配する方程式 (いわゆる**移流拡散方程式**) である．式中の左辺第二項から第四項までが物質の**移流**を，右辺が**拡散**を表す．移流とは平均流による物質の輸送を表すのに対して，拡散は乱流混合に伴う物質の輸送を表す．

8.2. 物質の移流拡散方程式

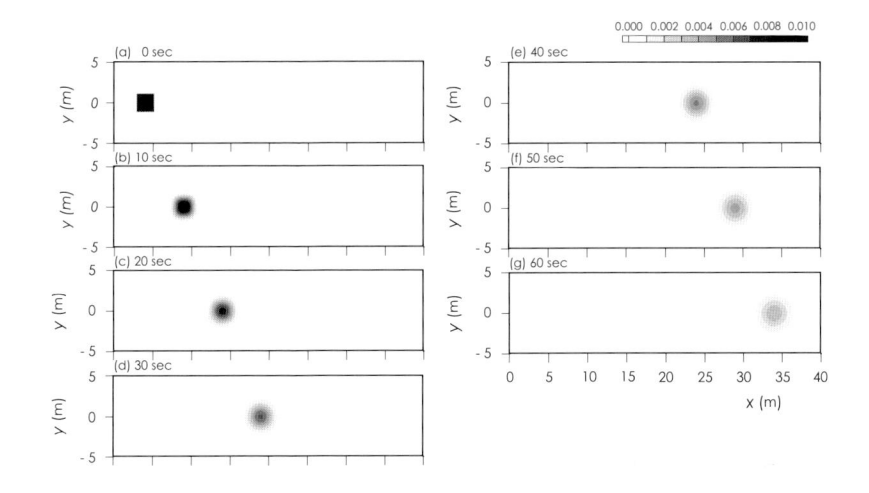

図 8.2　汚染物質の移流拡散
図の色の濃淡が濃度の大小を表す．ここでは，図の左から右に向かう一様な流れ（$\bar{u} = 0.5\,(\mathrm{m/s})$）が生じているとした．

一例として，一様な流れの中に投入された汚染物質の輸送について考えてみよう．図 8.2 に解析例を示す．ここでは，左から右に流れが生じているものとし，その流速は $\bar{u} = 0.5\,(\mathrm{m/s})$ で時空間的に一様であるとする．また，ここで注目する現象は水深方向には一様に進行するものとして，z 軸方向の変化については考慮に入れないものとする．初期条件としては，時刻 $t = 0\,(\mathrm{s})$ の瞬間に図 8.2 (a) の黒い正方形の区域（その大きさは $2\,\mathrm{m} \times 2\,\mathrm{m}$）に濃度 $\bar{c} = 0.01$ の汚染物質を投入するものとする．このとき，その後の物質の輸送はどのようになるであろうか．

もし，乱流拡散が無視できるならば，図 8.2 (a) の黒い正方形が一定速度 $\bar{u} = 0.5\,(\mathrm{m/s})$ で右方に変位していくだけでそれ以上の変化は起こらない．これが移流と呼ばれるものであり，もし流れが層流であれば後述する拡散が生じないためその物質輸送はこれのみである．これに対して，乱流拡散は，式 (8.11) からもわかるとおり物質の濃度を一様化するように進行するため，乱流拡散による輸送フラックスは時間平均濃度の各軸方向への勾配（数学的には微分量）に比例した値をとる．そこで，例えば図 8.2 (a) のように黒い正

方形の区域に物質を投入し拡散のみが生じるとするならば，この区域の外縁に沿って顕著な濃度勾配が生じるため，濃度の空間分布を一様化するように周囲に向かう物質輸送が引き起こされる．この乱流拡散に伴う物質輸送に関しては，(1) 濃度の重心は移動せずその影響範囲が拡大すること，(2) 濃度の総量，すなわち濃度の空間積分値が不変であること，などに注意が必要である．実際には，**図 8.2**のように移流と拡散が同時に進行するため，両者の効果が重ね合わされたような輸送が生じる．そのため，汚染物質による影響範囲は，時間の経過とともに下流側に移動しつつ拡大するとともに，濃度の最大値は次第に小さなものへと変化していく．なお，河川などの実際の水域における物質輸送について考える場合には，流速場が一様というわけではないため，式 (8.12) のような物質の移流拡散方程式に加えて水流の運動方程式ならびに連続式を連立して解いていくことが必要となる．

8.3 浮遊砂

8.3.1 浮遊砂の拡散方程式

　前節では，例えば染料に代表されるような物質——すなわち，その密度が水と変わらないか，あるいはその大きさが十分小さいためにほとんど沈降することなく輸送されるような物質——の輸送に対して適用される支配方程式として，移流拡散方程式を誘導した．しかし，土砂の浮遊形式での輸送のように，もともとの物質が上記の条件を満足せず，その沈降が無視し得ないような場合には，式 (8.12) に依拠してその輸送を考えることは難しい．どのような現象がこの移流拡散方程式の考え方になじむのかについては議論のあるところであり，注意を要する点であろうと考えている．著者は，浮遊砂の輸送に関して，移流拡散方程式に依拠した取り扱いをすることは適切とはいえないと考えているが，現時点でこれに代わる予測手法が確立されていないことも事実である．そこで，現時点では移流拡散方程式に以下のような修正を加えた解析法をとらざるを得ない．

　浮遊砂の解析を行う際に修正すべき点は以下のとおりである．土砂粒子の鉛直方向の運動を考えると，水流の速度 w で輸送されつつもその沈降速度 w_o

に見合っただけの下方変位があるため，鉛直方向の土砂フラックス F_{sz} を次のように修正する．

$$F_{sz} = c(w - w_o) \tag{8.13}$$

ここに，$-cw_o$ は，物質が水とは異なる密度を持つために生じる重力による下向きフラックスである．さらに，時間平均化操作後のフラックスは式 (8.9) ならびに式 (8.11) より，次のように書き換えられる．

$$\bar{F}_{sz} = \bar{c}\bar{w} + \overline{c'w'} - \bar{c}\,w_o = \bar{c}\bar{w} - \left(\epsilon_{sz}\frac{\partial \bar{c}}{\partial z} + \bar{c}\,w_o\right) \tag{8.14}$$

この点を考慮に入れ，w_o に関しては時間によらず一定の値をとるものとして式 (8.12) を修正すると，最終的には次式が導かれる．

$$\frac{\partial \bar{c}}{\partial t} + \frac{\partial \bar{c}\bar{u}}{\partial x} + \frac{\partial \bar{c}\bar{v}}{\partial y} + \frac{\partial \bar{c}\bar{w}}{\partial z} = \frac{\partial}{\partial x}\left(\epsilon_{sx}\frac{\partial \bar{c}}{\partial x}\right) + \frac{\partial}{\partial y}\left(\epsilon_{sy}\frac{\partial \bar{c}}{\partial y}\right) + \frac{\partial}{\partial z}\left(\epsilon_{sz}\frac{\partial \bar{c}}{\partial z}\right) + w_o\frac{\partial \bar{c}}{\partial z} \tag{8.15}$$

これが従来より浮遊砂の輸送を考える際に依拠してきた移流拡散方程式であり，この式に基づいて土砂濃度の評価・予測がなされてきた．

8.3.2 鉛直一次元平衡浮遊砂濃度分布

浮遊砂を伴う流れのうち最も単純な場合として，定常・等流の場における鉛直一次元の現象について考えることにしよう．いま，流れは流下方向のみに存在し，流れ場のみならず濃度についても時空間的に十分発達した状態にあるものとする．すなわち，$\bar{v} = \bar{w} = 0$ ならびに，すべての変数の t, x および y 方向微分が 0 であるとする．このとき，式 (8.15) は，次のように簡略化される．

$$\frac{\partial}{\partial z}\left(\epsilon_{sz}\frac{\partial \bar{c}}{\partial z}\right) + w_o\frac{\partial \bar{c}}{\partial z} = 0 \tag{8.16}$$

さらに，この式 (8.16) を式 (8.14) を参考にして書き換えると，

$$\frac{\partial \bar{F}_{sz}}{\partial z} = 0 \tag{8.17}$$

のようになる．これを z について積分すると，

$$-\bar{F}_{sz} = \epsilon_{sz}\frac{\partial \bar{c}}{\partial z} + w_o\bar{c} = const. \tag{8.18}$$

となる．この式は，鉛直方向へのフラックス $\bar{F}_{sz}$ が z 方向に変化しないことを意味するが，水面を通しての土砂の出入りは考えられないことから，このフラックスはゼロということになる．すなわち，

$$\epsilon_{sz}\frac{\partial \bar{c}}{\partial z} + w_o \bar{c} = 0 \tag{8.19}$$

である．これが，一次元の平衡浮遊砂濃度を支配する移流拡散方程式である．

ところで，この式を解くためには，式中の拡散係数 ϵ_{sz} を与える必要がある．これに関しては，通常，水の乱流拡散係数 ϵ_z に等しい（あるいは比例する）とした近似を用いる．そこで，第 4 章で説明した式 (4.24) より，

$$\epsilon_{sz} = \beta \times \nu_t = \beta \times \kappa u^\star z \left(1 - \frac{z}{h}\right) \tag{8.20}$$

のように拡散係数を与えることにする．ここに，β は比例係数であり，ここでは便宜上これを 1 とする．また，κ はカルマン定数，$u^\star$ は摩擦速度，h は水深である．そこで，この式 (8.20) を式 (8.19) に代入し，式 (8.19) を河床近傍の座標 z_a から z まで積分すると，次の式が導かれる．ただし，以下 $\bar{c}$ を C と表記する．

$$\frac{C}{C_a} = \left(\frac{h-z}{z}\frac{z_a}{h-z_a}\right)^Z \tag{8.21}$$

この式は，Rouse によって導かれたことから Rouse(ラウス) の濃度分布式 [2] と呼ばれる．そして，式中のべき数 Z は，

$$Z = \frac{w_o}{\kappa u^\star} \tag{8.22}$$

と書き表され，ラウス数 (Rouse Number) と呼ぶことがある．

一方，ϵ_{sz} の値として，式 (8.20) の分布の水深方向平均値を用い，解析の簡略化を図ることがある（式 (4.25) 参照）．すなわち，

$$\epsilon_{sz} = \frac{1}{6}\kappa u^\star h \tag{8.23}$$

を式 (8.20) の代わりに式 (8.19) に代入し，これを解くと，次の式が導かれる．

$$\frac{C}{C_a} = \exp\left(-6\frac{w_o}{\kappa u^\star}\frac{z-z_a}{h}\right) \tag{8.24}$$

これは，Rouse 分布に対して，Lane-Kalinske (レイン・カリンスキー) 型の濃度分布 [3] と呼ばれる．

式 (8.21) あるいは式 (8.24) において現れる C_a は $z = z_a$ での濃度であり，**基準点濃度**(あるいは基準面濃度) と呼ばれる．また，この z_a の高さのことを**基準点高さ**と呼び，一般にこれを水路床から

$$z_a = 0.05 \times h \tag{8.25}$$

の位置にとる．

図 8.3 には，Vanoni (バノニ) によって得られた実測データと Rouse の浮遊砂濃度分布との比較結果を示してある．図中の曲線は，それぞれに対応する実験と同じラウス数 Z に対して描かれた式 (8.21) の分布を表し，両者が比較的よい対応関係にあることが見てとれる．一方，**図 8.4** には，式 (8.21) と式 (8.24) の比較を行った結果であり，概ね一致する分布であるが，詳しく見ると図の下半分で両者の差が目立つ．

一般的な傾向として，u^*/w_o が大きいほどラウス数 Z が小さくなること，Z が小さくなるほど浮遊砂濃度は水深方向に一様化し，水面近くまで比較的高い濃度で土砂が輸送されること，などが理解されよう．

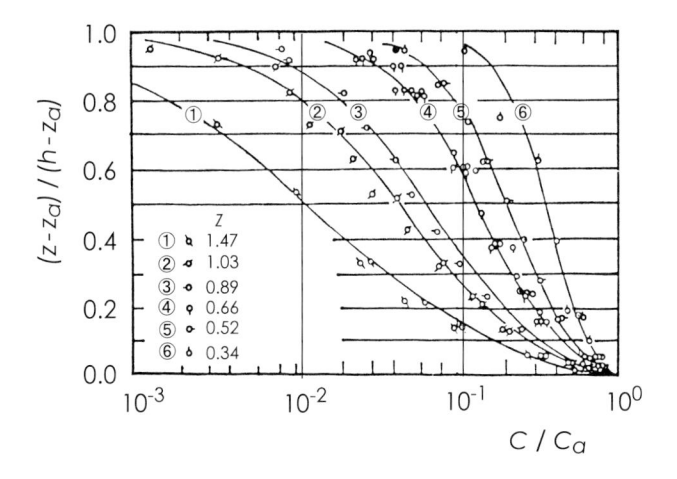

図 8.3 Rouse の浮遊砂濃度分布と実験データとの比較

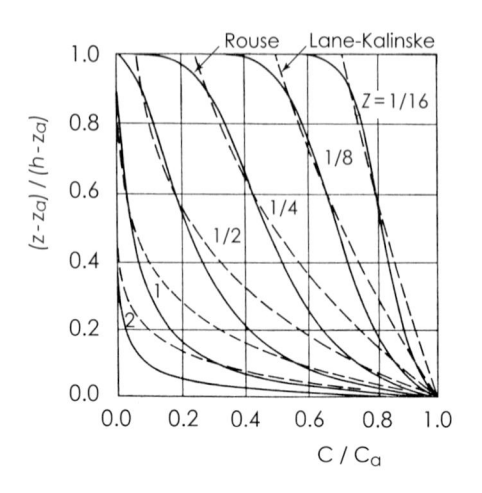

図 8.4　浮遊砂濃度分布関数

8.3.3　基準点濃度

　これまでの浮遊砂の考え方によれば，浮遊砂は河床近傍の基準点高さ $z = z_a$ から水面 $z = h$ までの比較的広い範囲にわたって輸送される．そして，浮遊砂の濃度を考える際には，底面における土砂濃度ではなく，この基準点高さにおける濃度 C_a を境界条件とすることで理論の体系化がなされてきた．ここではその基準点濃度 C_a の評価方法について説明する．

　まず，図 8.5 には，沈降速度の摩擦速度に対する比 $w_o/u^\star$ と基準点濃度 C_a との関係を示してある．これは，平衡状態にある浮遊砂の流れを対象にして得られたもので，図中の○や△などの印が実測結果を表している．浮遊砂の運動を特徴付けるパラメータが $u^\star/w_o$ であることは既に述べたが，この図の横軸がこのパラメータの逆数になっている点に注意されたい．そして，土砂が浮遊砂として移動する条件が概ね $u^\star/w_o \geq 1$ であることを考え合わせると，この図において横軸の値が 10^0 より大きいところで実験データがない理由が理解されよう．また，この図より，横軸の値が 1 よりわずかに小さくなっただけで縦軸の濃度 C_a の値が急激に増大することも見てとれる．これは，$u^\star$

を評価する際に生じるわずかな誤差が C_a の評価に大きな影響を与えることを意味している[1].

この基準点濃度に関しては，これまで数多くの予測式が提案されている．たとえば，Lane and Kalinske[3]，Einstein[4]，芦田・道上 [5]，板倉・岸 [6]，芦田・岡部・藤田 [7]，Garcia and Parker（ガルシア・パーカー）[8] などがそれに当たる．そして，このうちのいくつかに関しては図 **8.5** にその関係を曲線で示してある．現時点で最も精度が良いと判断されるのは Garcia and Parker の式である．そこで，この式と，掃流砂との対応関係が最も明瞭である Einstein の式についてのみ以下に説明する．

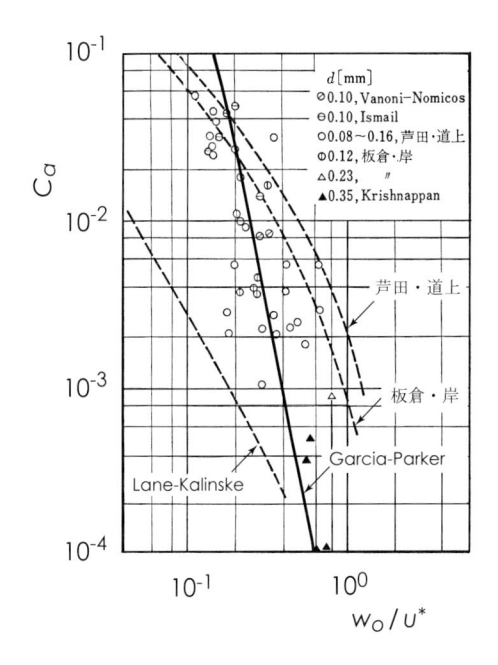

図 **8.5** 基準点濃度

---

[1] 基準点濃度という概念を導入することの一つの問題点がこれである．このほかに，河床面から水深の 5 ％ の距離だけ上方の位置を基準点高さとした物理的根拠を見出すことができないこと，そもそも濃度が水深方向に大きく変化することが予想されるこのような位置で基準点濃度を定義しているため，得られた実験データにある程度の誤差が入り込んでいる恐れがあること，などが指摘されている．

Garcia and Parker は，これまで報告されている数多くの実験データを集め，これらを最もよく説明する関係として，次の式を導出した．

$$C_a = \frac{\alpha Z^\star}{1 + \frac{\alpha}{0.3} Z^\star} \tag{8.26}$$

ここに，

$$\alpha = 1.37 \times 10^{-7}, \quad Z^\star = \left(\frac{u^\star}{w_o}\right)^5 R_{ep}^3, \quad R_{ep} = \frac{\sqrt{R\,g\,D}\,D}{\nu} \tag{8.27}$$

である．

一方，Einstein は，基準点として掃流層の上縁をとることにし，掃流層厚を粒径の 2 倍と近似することにした．

$$z_a = 2 \times D \tag{8.28}$$

さらに，C_a として層平均の掃流砂濃度をとることにし，次のように定義した．

$$C_a = \frac{q_B}{(11.6 u^\star)(2\,D)} \tag{8.29}$$

ここに，q_B は，単位幅当たりの掃流砂量である．

8.3.4 浮遊砂量

次に，平衡状態にある浮遊砂の輸送量についてふれておこう．単位幅当たりの浮遊砂量 q_S は，式 (8.3) で定義したフラックスの水深方向積分値として，

$$q_S = \int_{z_a}^{h} C(z)\,u(z)\,dz \tag{8.30}$$

のように書き表される．ここでは，式中の濃度分布 $C(z)$ については式 (8.21) あるいは式 (8.24) を，流速分布 $u(z)$ については式 (4.19) をそれぞれ適用する．また，河床面の粗度高さ k_s は河床構成材料の粒径 D との関係で，例えば

$$k_s = D$$

のように表される．そこで，平衡状態における浮遊砂量は以下の式のように書き表される．

$$q_S = \frac{C_a\, u^\star}{\kappa} \int_{z_a}^{h} \left(\frac{h-z}{z} \frac{z_a}{h-z_a} \right)^Z \log_e \left(30 \frac{z}{D} \right) dz \tag{8.31}$$

8.3.5　水深平均化された浮遊砂濃度の解析

　ここまでは，平衡状態における浮遊砂濃度の水深方向分布について説明してきた．しかし，実際に解析対象とする流れ場が平衡状態にあることは稀であり，非平衡状態にあると見るほうが自然であろう．ここでは，このような浮遊砂の輸送に関する平面二次元解析法について解説する．平面二次元解析とは，いわゆる浅水流方程式に基づく解析のことを指し，流れ場に限って言えば，第 1 章で説明したとおりである．浮遊砂の場合には，移流拡散方程式を修正した式 (8.15) を水深方向に積分し平均化した式に依拠した解析ということになる．この式の誘導に当たっては，水面と河床面付近とで適切に境界条件を与える必要がある．これについての説明から始めることにしよう．

　水面 $z=H$ における境界条件としては，この面を通じてのフラックスが 0 であるとする条件 $F_{sz}=0$ を適用する．すなわち，

$$\left(\epsilon_{sz} \frac{\partial c}{\partial z} \right) \bigg|_{z=H} + w_o\, c \bigg|_{z=H} = 0 \tag{8.32}$$

　河床面付近の境界条件に関しては，基準点高さに境界面をとり，この面を通しての土砂収支を考えることにより定める．この際に，この境界面 (基準面) を通じて行われる浮遊砂の巻き上げと沈降，河床面からの土砂の離脱・浮上と河床への土砂の堆積，この二つの面で挟まれた区域を移動する掃流砂との関係，などについて考慮することが必要となる．いま，仮に浮遊砂が平衡状態にあるとすれば，この面を通じてのフラックスは 0 となる．すなわち，

$$\left(\epsilon_{sz} \frac{\partial c}{\partial z} \right) \bigg|_{z=z_a} + w_o\, C_{ae} = 0 \tag{8.33}$$

ここに，C_{ae} は平衡状態における基準点濃度を表し，前出の**図 8.5** などに示されている C_a のことを指す．平衡状態においては，この境界面を通して乱

流拡散により上方に運ばれる土砂フラックスと，河床面から巻き上げられるフラックスとが釣り合うことになる．そこで，次の式が成り立つ．

$$\left(\epsilon_{sz}\frac{\partial c}{\partial z}\right)\bigg|_{z=z_a} = -w_o E_s \tag{8.34}$$

ここに，E_s は無次元の巻き上げ速度を表す．一方，式 (8.33) の関係を考慮すると $E_s = C_{ae}$ となるため，E_s もまた図 8.5 に示されるような $u^\star/w_o$ の関数となる．

さて，非平衡状態における説明に戻ろう．これまでの考え方によれば，平衡浮遊砂濃度分布から評価された関数 E_s が非平衡状態に対しても近似的に適用できるとされる．このような考え方に明確な根拠はないようにも思われるが，これに従うとすれば，非平衡状態における浮遊砂濃度を評価する際の底面近傍の境界条件は式 (8.34) ということになる．

また，両側岸における境界条件としては，この壁面を通り抜けるフラックスがないとした条件を適用する．また，上下流端では想定する流れ場の状況に応じた境界条件を与えることになる．

次に，以上のような境界条件の下で式 (8.15) を水深方向に積分し，平均化を施すことで導かれる浅水流方程式について説明する．

式 (8.15) を $z = z_a$ から $z = h$ まで積分すると，

$$h\left(\frac{\partial \bar{c}}{\partial t} + \bar{u}\frac{\partial \bar{c}}{\partial x} + \bar{v}\frac{\partial \bar{c}}{\partial y}\right) = -w_o C_a - \left(\bar{\epsilon}_{sz}\frac{\partial \bar{c}}{\partial z}\right)\bigg|_{z_a}$$
$$+ \frac{\partial}{\partial x}\left(\bar{\epsilon}_{sx}\frac{\partial \bar{c} h}{\partial x}\right) + \frac{\partial}{\partial y}\left(\bar{\epsilon}_{sy}\frac{\partial \bar{c} h}{\partial y}\right) \tag{8.35}$$

のようになる．ここに，$\bar{c}$, $\bar{u}$, $\bar{v}$, さらには $\bar{\epsilon}_{sx}$, $\bar{\epsilon}_{sy}$, $\bar{\epsilon}_{sz}$ はそれぞれの変数の水深方向平均値である．なお，この式の誘導の際には，式 (1.22) で表される水流の連続式

$$\frac{\partial h}{\partial t} + \frac{\partial h\bar{u}}{\partial x} + \frac{\partial h\bar{v}}{\partial y} = 0$$

を用いている．

次に，濃度の鉛直方向分布を式 (8.24) で表すことにすれば，基準点濃度 C_a

と水深平均濃度 $\bar{c}$ との間には次の関係が成り立つ．

$$\bar{c} = C_a \frac{\bar{\epsilon}_{sz}}{h\, w_o}\left[1 - \exp\left(-\frac{h\, w_o}{\bar{\epsilon}_{sz}}\right)\right] \fallingdotseq C_a \frac{\bar{\epsilon}_{sz}}{h\, w_o} \qquad (8.36)$$

そこで，式 (8.36) を用いて式 (8.35) 中の C_a を消去し，河床面での境界条件を考慮すると，

$$h\left(\frac{\partial \bar{c}}{\partial t} + \bar{u}\frac{\partial \bar{c}}{\partial x} + \bar{v}\frac{\partial \bar{c}}{\partial y}\right) = -\frac{h\, w_o^2}{\bar{\epsilon}_{sz}}\bar{c} + w_o E_s + \frac{\partial}{\partial y}\left(\bar{\epsilon}_{sy}\frac{\partial \bar{c}\, h}{\partial y}\right) \qquad (8.37)$$

が導かれる．これが求めるべき浮遊砂濃度に関する浅水流方程式である．そして，式 (8.37) を流れ場に関する浅水流方程式と連立して解けば，$\bar{c}$，$\bar{u}$，$\bar{v}$ を同時に求めることができる．ただし，土砂の河床からの巻き上げ速度を表す E_s については，平衡状態における基準面濃度 C_{ae} に等しいものとし，例えば式 (8.26) によってこれを評価するものとする．

8.3.6 混合粒径からなる河床上の浮遊砂現象

まず最初に，混合粒径からなる砂床河川における浮遊砂について考えることにしよう．河床がこのような土砂で構成される場合の掃流砂の取り扱い方については，7.2 節で説明した．浮遊砂の場合にも基本的な取り扱い方は同様であり，連続した粒度分布を N クラスの粒径階層に分け，その各々に対して均一粒径の場合と同様の方法を用いた解析を行う．ただし，個々の階層の土砂の輸送については前節までに説明してきたものと同じ考え方をするが，浮遊土砂の底面近傍での取り扱い，言い換えれば基準点濃度の評価の際には粒径ごとの土砂の混合の影響を考慮しなければならない．

Garcia and Parker[8] による基準点濃度の評価式である式 (8.26) を例に，混合粒径の場合の取り扱いについて説明しよう．なお，i 番目の粒径階層の土砂に着目し，その考え方を示す．Garcia and Parker によれば，浮遊砂の基準点濃度は式 (8.27) で定義される Z^* をパラメータとして定式化されるが，河床が混合粒径砂からなる場合には，このパラメータ自体を土砂の粒度分布特性を反映したものへと修正する必要がある．いま，修正されたパラメータ

を $Z_i^\star$ と表すことにすれば，

$$Z_i^\star = \lambda_m^5 \left(\frac{u^\star}{w_{oi}}\right)^5 R_{epi}^3 \left(\frac{D_i}{D_{50}}\right) \tag{8.38}$$

のように書き換えられる．ここに，R_{epi} は粒径 D_i の土砂に対する粒子レイノルズ数である．また，λ_m は土砂の混合の度合いを表すパラメータで，土砂の粒度分布の標準偏差 σ_ϕ の関数として次式で表される．

$$\lambda_m = 1 - 0.288\sigma_\phi \tag{8.39}$$

そこで，式 (8.26) 中のパラメータ $Z^\star$ の代わりに式 (8.38) を代入すれば，均一粒径の場合と同様に基準点濃度が精度良く評価できるとされる．これは文献上に見られる実験データを最も精度良く説明する関数として導かれた実験式である．したがって，全浮遊砂濃度および全浮遊砂量を求めるには，個々の粒径クラスごとに値を求めた後に以下のように加えあわせればよいことになる．

$$\tilde{c} = \sum_{i=1}^{N} c_i; \quad \tilde{q}_S = \sum_{i=1}^{N} q_{S_i} \tag{8.40}$$

一方，礫床河川のように河床構成材料の粒度分布の幅 (最大粒径と最小粒径の差) が大きい場合には，その取り扱いは自ずと異なったものとなる．これは，河床を主として構成する礫とその間隙を埋めるように存在する微細土砂 (シルトあるいは微細砂) とが明らかに異なった運動をするためである．礫は，移動するとしても掃流砂としてのものにすぎないのに対して，微細土砂は河床から直接浮上して浮遊砂となる．このような微細土砂の河床からの浮上離脱に関しては，骨格を形成する礫による遮蔽効果を無視することはできない．芦田・藤田 [9] は，この礫河床からの微細土砂の浮上過程についての実験ならびに理論的な検討を行い，次のような評価法を提案している．ここでは，図 8.6 に示した礫床の模式図を用いて，この芦田・藤田による微細土砂の巻き上げ速度予測式について説明する．

図 8.6 について簡単に説明しておく．球として描かれているものを粒径 D_g の礫とし，グレーに着色した間隙部分にシルトが充填されるように存在して

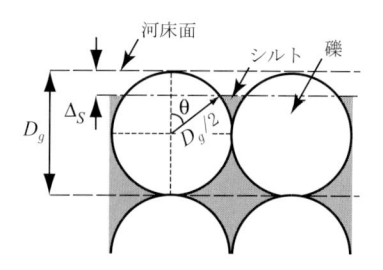

図 8.6　礫河床の模式図

いるものとする．いま，礫頂部を河床面とし，この高さから充填されたシルト上面までの鉛直距離を Δ_s とする．また，図のように定義された角度を θ とする．シルトの河床からの巻き上げは，主としてシルト上面が $0 \leq \Delta_s \leq D_g$ (すなわち $0 \leq \theta \leq \pi$) の範囲にある時に生じるとされる．これは，この巻き上げを考える際には Δ_s/D_g が重要なパラメータとなることを意味し，河床面から礫の粒径 D_g に相当する厚さの層に着目して考えていけばよいことになる．理論的な取り扱いの後に，芦田・藤田により導かれた巻き上げ速度式は，次のように書き表される．なお，巻き上げ速度とは，単位面積・単位時間当たりに河床から浮上する土砂体積を表し，速度の次元を持つ[2]．

$$E_s = \frac{2}{3} K F_s \sqrt{\frac{3}{\sigma_s}} \frac{1}{\pi} \frac{\sqrt{ck^2}}{\xi_o} \int_{\chi_o}^{\infty} \sqrt{\chi^2 - \chi_o^2}\ e^{-\frac{\chi^2}{2}} d\chi \quad (8.41)$$

ここに，式中の係数 K は定数 ($= 0.035$) である．また，ξ_o, χ_o は次式で定義される変数である．

$$\xi_o = \frac{w_o}{u_\star}, \quad \chi_o = \frac{\pi}{8} C_{Do} \frac{\xi_o^2}{ck^2}, \quad C_{Do} = 2 + \frac{24}{\frac{w_o D_s}{\nu}} \quad (8.42)$$

式 (8.42) 中の D_s はシルト (微細土砂) の粒径，w_o はその沈降速度をそれぞれ表す．また，c は揚圧力係数であり，k は遮蔽係数である．遮蔽係数とは，シルト上面の高さが低下すると，巻き上げを受けるシルトが礫の間隙中に埋没していくことになるため，同じ掃流力の流れ場であっても同じ量の巻き上

---

[2] これは礫床からのシルトの浸食速度と同義である．

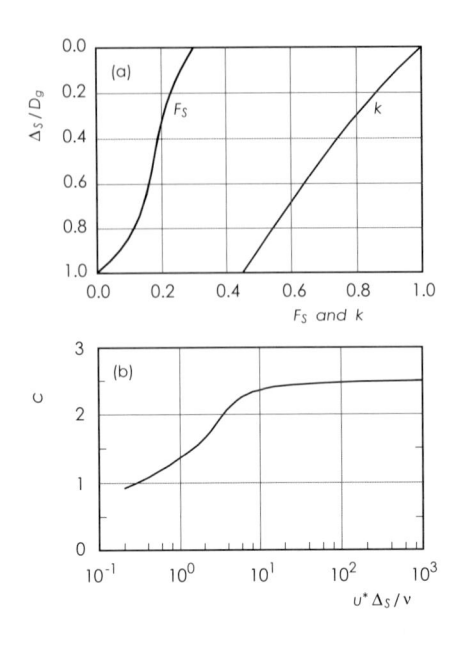

図 8.7 巻き上げ速度式に現れる変数 F_s, k および c の評価

げが生じないことを表している．そのため，k は Δ_s/D_g の関数となる．また，F_s は前述の礫径の厚さを持つ河床表層内のシルトの含有比率を表す．F_s については幾何学的な相似性を考えると，Δ_s/D_g の関数としてこれを定めることができる．図 8.7 には，この巻き上げ速度式 (8.41) 中に現れる変数 F_s，k および c についての関数を図示した．これにより，河床表面に作用する掃流力 (あるいは摩擦速度 u^*) とシルト上面の位置を表す Δ_s が与えられると，図 8.7 の関係からそれぞれの変数が定まり，これを式 (8.41) に代入することで巻き上げ速度を評価することができる．

　礫床からの微細土砂の巻き上げ量を予測する手法は，ここで説明した芦田・藤田によるものしかなく，礫床河川の安定河道の問題などを議論する際には式 (8.41) を適用することが望ましい．

参考文献

[1] 日本河川協会編:改訂新版建設省河川砂防技術基準(案)同解説 調査編, p.282.

[2] Rouse, H. : Modern conceptions of the mechanics of turbulence, Trans. ASCE, Vo.102, 463-543, 1937

[3] Lane, E. W. and Kalinske, A. A. : Engineering calculations of suspended sediment, Trans. AGU, Vol.22, 307-603, 1941.

[4] Einstein, H.A. : The bed-load function for sediment transportation in open channel flows, USDA, Soil Conservation Service, Technical Bulletin, No. 1026, 1-71, 1950.

[5] 芦田和男, 道上正規:浮遊砂に関する研究(1)-底面付近の濃度-, 京都大学防災研究所年報, 第13号B, 63-79, 1970.

[6] Itakura, T. and Kishi, T. : Open channel flow with suspended sediments, Proc. ASCE, Journal of Hydraulic Division, Vol.106, HY8, 1325-2343, 1980.

[7] 芦田和男, 岡部健士, 藤田正治:粒子の浮遊限界と浮遊砂量に関する研究, 京都大学防災研究所年報, 第25号B-2, 401-446, 1982.

[8] Garcia, M. H. and Parker, G. : Entrainment of bed sediment into suspension, Journal of Hydraulic Engineering, ASCE, Vol.114, No.4, 414-435, 1991.

[9] 芦田和男, 藤田正治:平衡および非平衡浮遊砂量算定の確率モデル, 土木学会論文集, 第375号/II-6, 107-116, 1986.

第9章

粘着性材料の浸食過程

9.1 概説

　地形を構成する土砂に粘土が含有されるようになると，その流砂機構に顕著な差異が現れるようになる．このうち，粘土が含まれない場合に比べて，土砂が格段に浸食を受けにくくなることはよく知られている．本章では，粘土のみの材料だけでなく，砂礫に粘土がある比率で含有されたものを総称して**粘着性土**と呼ぶことにし，その浸食過程について見ていくことにする．なお，第5章から第8章において解説してきた流砂過程は，シルト以上の粒径の材料のみで構成される「非粘着性」材料を対象としたものであった．

　浸食・輸送・堆積で特徴づけられる粘着性土の流砂過程については，非粘着性材料に比べて研究の歴史が短く，その現象の複雑さもあって十分な知見が得られているとは言い難い．このように十分な研究がなされてこなかった理由としては，日本を含む先進国の河川の場合には，河口に近い一部区域を除くと顕著な量の粘土が観察されることはなく，これが治水上重要な影響を与えることはないと考えられてきたためである．しかし，海外に目を向け，たとえばメコン川などの東南アジアの河川に注目すると，この点は大きく異なり，河道構成材料に占める粘土の比率がわが国の河川よりはるかに高いことから，治水上安全な河川を目指して計画・管理していくためには，粘着性土の浸食に関わる情報が不可欠である．一方，近年，河床に粘土が含有されるこ

とにより生じる環境上の問題が注目されるようになってきた．たとえば，ダムや河口堰といった河川構造物の上流域には粘着性土が堆積しており，これが水域環境上の問題となることがある．また，沖縄の一部やその南方の国々の沿岸域にはマングローブ林が広がっているところも少なくなく，これらの維持・保全について考える上で，その根元に存在する粘着性土の浸食の問題はきわめて重要である．このように，粘着性土の流砂過程，とりわけ浸食過程についての情報が重要となってきている．

砂礫に比べて粘着性土の流砂過程を複雑にしている最大の原因は，粒子相互の間に働く電気化学的な力，すなわち**粘着力**にある．粘着性土の流砂過程を細かく見ると，この粘着力が決定的な役割を演じる素過程は，河床からの「離脱」の過程，言い換えれば浸食過程であると言うことができる．これに対して，浸食後に生じる「輸送」と「堆積」の過程は砂やシルトの場合と大きく異なるものではなく，ウォッシュロードと見なしてよい．この離脱あるいは浸食の過程に関しては，粒子間に働く粘着力によって個々の粒子が一体となって水流の作用に抵抗するため，第6章あるいは第7章で説明したような力の釣り合い条件を基に論じようとすると，注目すべき粘土塊の大きさすら未知量であるという問題に直面することになる．また，粘着力の発現のメカニズムが粘土の鉱物組成によっても異なるという可能性もある．こうしたことが粘土の研究を停滞させてきた原因のひとつと考えられる．

本章では，前述のような工学的な必要性から，粘着性土の浸食過程やその浸食速度の予測式などについて解説する．ここでは，この浸食過程の本質にふれ，その浸食機構が非粘着性の砂礫の場合に比べてどの程度異なるかについて定量的に説明することを目指した．しかも，現時点で明らかになっている点をできるだけ明解に説明することに留意し，従来研究によって得られた断片的な知識の羅列にはならないように心がけた．そのため，あえて著者らによる実験ならびにその結果を中心に構成することとした．なお，このテーマについてさらなる理解を求める読者は，元論文[1]に加えて，芦田・澤井[2]，青木・首藤[3]，芦田・江頭・加本[4]，大坪[5]，大坪・村岡[6]，Partheniades[7]，Murray[8]，Ariathurai and Arulanandan[9]らによるものもあわせて参照することをお勧めする．

9.2 粘着性土の浸食特性

砂礫のような非粘着性材料を対象とした移動床実験は，一般に水路床上に砂礫を平坦に敷き均し，その上に水を流すことにより行われる．この場合には，水路床を構成する砂礫に含まれる水分量に注意を払う必要はなく，材料特性としては砂礫の粒度分布にのみ注目すればよい．これに対して，粘着性土を対象とした実験の場合には，後述するように水分量の影響を顕著に受けることになる．著者らの実験 [1] を例に，このあたりから説明を始めることにしよう．

著者らの実験は，カオリンを主成分とする粘土[1]を対象に行われた．これは，河道構成材料の一部として含有される粘土の中でカオリンが最も一般的なものであるとの判断によるものである．実験時には，この粘土に砂ならびに水を所定の比率で加えた後，これを機械的によく練り混ぜることにより均質な粘着性土を作成し，これを供試体とした．作成後の供試体は，一昼夜静水中に静置され，十分な自然圧密を加えた後に浸食実験に供する．図 9.1 には実験に用いた粘土ならびに砂の粒度分布を示してある．なお，第 5 章で土砂の粒度分布について解説したが，表 5.1 を参照しながら図 9.1 を見るとわ

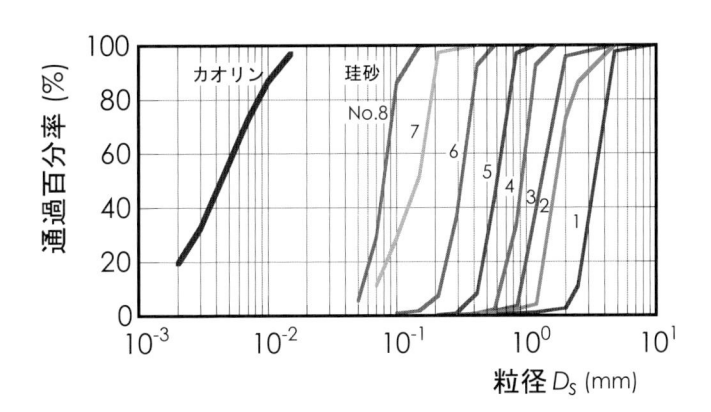

図 9.1 供試体作成に用いられた粘土ならびに砂の粒度分布

---

[1]具体的には T.A カオリン ($D_{60} = 5.0 \times 10^{-3}$ (mm)) と呼ばれる市販の粘土を用いた．

かりやすい．

　浸食実験は長方形断面をもつ閉水路 (すなわち管路) 内で行われた．全長 5 m のこの水路は，その中央付近に長さ 1 m にわたる凹部を設けられており，ここを埋めるように供試体が設置されるような構造になっている．そして，この供試体がその後どのようなプロセスを経て，どの程度の量だけ浸食されるかをレーザ式変位センサと呼ばれる計測器を用いて詳細に調べることにした．この実験に先立ち，この現象を支配する諸要因のうち何が重要かを探り出すための予備実験が行われ，その知見に基づき各要因を系統的に変化させた一連の浸食実験を行った．

　浸食速度を支配する要因としては次のものが重要である．まず第一に，粘着性土の表面に作用するせん断力 (あるいはこれを速度の次元に変換した摩擦速度 $u^{\star}$) があげられる．これが重要であるという点は，第 7 章で説明した砂礫の流砂機構の場合と変わらない．これ以外には，粘土の重量に対する含有水の重量の比率を表す**水含有率** R_{wc}(Water Content Ratio)[2]，粘土と砂を加え合わせた土砂の全重量に対する粘土そのものの重量の比率を表す**粘土含有率** R_{cc}(Clay Content Ratio)，さらには，砂の粒径 D_s[3] や水温なども重要である．このうち，水含有率が大きな影響を持つことが砂礫にはない性質であり，砂礫に粘土が加わっただけで土砂の浸食機構が大きく異なることには注意を要する．

　さて，水流に接している供試体表面から単位時間・単位面積当たりに浸食される粘着性土の体積を**浸食速度**と定義する．次に，これについて見ていくことにしよう．**図 9.2** には実測結果をまとめて示した．図の上段に位置する (a) が浸食速度と摩擦速度との関係であり，中段の (b) が水含有率との関係を表わす．また，下段左側の (c) が粘土含有率との関係を，下段右側の (d) が砂礫の粒径との関係をそれぞれ表わしている．実験装置の制約から水温につい

---

[2] 粘土含有率が 100 ％の場合に，水含有率は含水比と同じ値となる．なお，実河川に堆積している粘着性土について調べたところ，水含有率あるいは含水比が時空間的に大きく変化することはないことを確かめている [10]．そこで，このような材料を対象として浸食実験を行う場合には，水含有率をパラメータとする必要はない．

[3] 供試体に含有させる砂としては，原則として 60 ％粒径が 1.45 mm の珪砂 3 号を用いることにしたが，たとえば後掲の図 9.2(d) の結果を得ることを目指して，図 9.1 に示したこれ以外の粒径をもつ砂礫を用いた実験もあわせて行った．

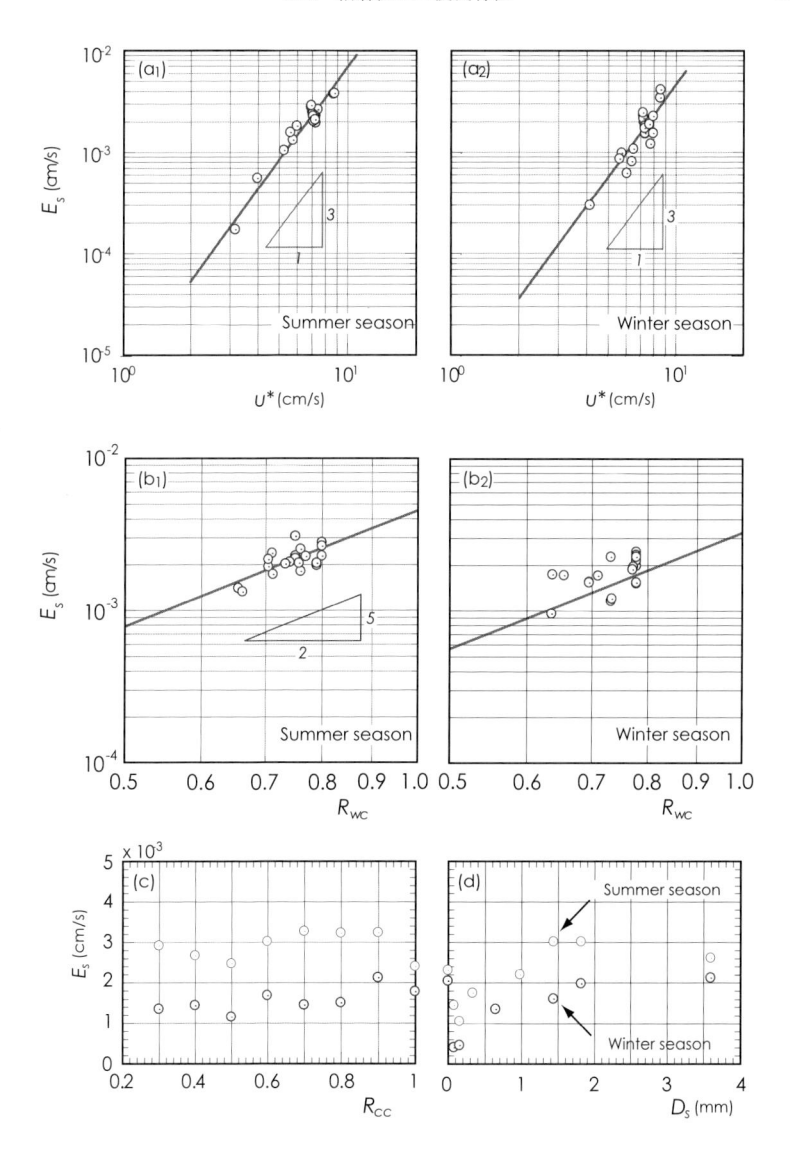

図 9.2 粘着性土の浸食速度に及ぼす諸要因の影響: (a) 摩擦速度の影響 ($R_{cc} = 1.0$, $R_{wc} = 0.75$), (b) 水含有率の影響 ($u^\star = 7.59\,(\mathrm{cm/s})$, $R_{cc} = 1.0$), (c) 粘土含有率の影響 ($u^\star = 7.59\,(\mathrm{cm/s})$, $R_{wc} = 0.75$), (d) 砂の粒径の影響 ($u^\star = 7.59\,(\mathrm{cm/s})$, $R_{wc} = 0.75$, $R_{cc} = 0.6$)

ては，これを制御して計測を行うことは容易ではない．そのため，図 9.2 においては，水温が 18〜22°C の条件下で採取されたデータを"Summer Season"，水温が 9〜12°C の条件下で採取されたデータを"Winter Season"と分けて整理した．さらに，図 9.2 に示したものを含む膨大な計測結果を解析したところ，次のような知見が得られた．

- 河道内に堆積する粘着性土の場合には，第 6 章で説明した砂礫の限界掃流力のように，これ以下では土砂移動が生じないという限界を定義することは難しい．これは，いかなる流速であっても微量ながら粘土の水中への溶け出しが生じるためである．浸食の形式は摩擦速度により異なり，摩擦速度が小さい場合には「溶出」形式の浸食が卓越するのに対して，より大きな摩擦速度になると「塊状の剥離」形式の浸食がこれに加わるようになり，むしろ後者の形式の浸食が卓越する．なお，「塊状の剥離」と呼ぶ浸食は，供試体表面をスプーンでえぐり取るように進行する浸食のことを指し，溶出形式のものに比べて規模が大きい．

- 浸食速度 E_s と摩擦速度 $u_\star$ との間には次の関係が成立する (図 9.2(a) 参照)．

$$E_s = \Theta \cdot u^{\star 3} \tag{9.1}$$

ここに，Θ は粘土鉱物の種類や水温などに依存する係数である．

- 浸食速度 E_s は水含有率 R_{wc} の増加に伴い単調に増加し，R_{wc} の 2.5 乗に比例する (図 9.2(b) 参照)．このことは，Θ が $R_{\mathrm{wc}}^{2.5}$ に比例することを意味する．

- 供試体の中にわずかでも粘土が含まれると浸食速度は大きく低下し，結果として耐浸食性が向上する．たとえば，図 9.2(c) に示した実測結果と同一の条件下で，仮に粘土が含有されない (すなわち，$R_{\mathrm{cc}} = 0.0$) として浸食速度を試算すると，この値は $2.47 \times 10^{-2}\,\mathrm{cm/s}$ とな

り[4],1 オーダー程度大きな値となることがわかった.

- 一方,粘土含有率が $0.3 \leq R_{\mathrm{cc}} \leq 1.0$ の範囲で見ると,E_s は粘土含有率によらずほぼ一定の値をとる(図 **9.2**(c) 参照).このことは,粘土含有率が少なくとも 0.3 より大きいという条件下では,式 (9.1) 中の係数 Θ が R_{cc} に依存することはないことを意味する.

- 粘着性土に含まれる砂の粒径 D_s の影響について調べたところ図 **9.2**(d) のような結果が得られた.砂の粒径が小さくなると,供試体の単位体積当たりに含有される砂の表面積が大きくなり,供試体内に含有される水の体積が同じであっても,粘土が粘着力を発揮するのに関与する水の体積が小さくなることが予想される.細砂以下の砂を対象とした実験で得られた浸食速度の値が小さくなっているのは,上記のような理由によるものと推察される.これについてはさらに検討していく必要がある.一方,中砂以上の砂を対象とする限り,E_s は D_s によらずほぼ一定となる.このことは,粘土の粒径に比べて砂の粒径が十分に大きいならば,式 (9.1) 中の係数 Θ が D_s にはよらないことを意味している.

- 水温 T が高いほど E_s は大きな値をとり,ここに示した夏季の値は冬季のものに比べて 60% 程度大きくなる.ここに,夏季とは東京では 6 月~9 月の期間に当たり,冬季とは 11 月~3 月の期間に相当する.

- 以上より,ここで対象としたカオリン粘土の場合には,式 (9.1) 中の係数 Θ が主として R_{wc} と T の関数となることが理解された.そこで,すべての実測データを改めて水温別に整理し直したところ,次のような関係式が誘導された.

$$\Theta = \alpha(T) \cdot R_{\mathrm{wc}}^{2.5}; \quad \alpha(T) = k_1 \cdot T + k_2 \qquad (9.2)$$

---

[4]砂礫の浸食速度とは,第 7 章で説明した Pick-up rate P_s との関係で,

$$E_s = \left(\frac{k_3}{k_2} D_s \right) \times P_s$$

によって評価される.この値は砂礫に粒径を $D_s = 1.45\,(\mathrm{mm})$ として式 (7.5) を用いて算出した結果である.

ここに，式中の係数は，カオリン粘土に対して $k_1 = 3.3 \times 10^{-7}$，$k_2 = 5.8 \times 10^{-6}$ となる．なお，これらの値は無次元ではないため，式 (9.2) の関係を適用する場合には，cm-s の単位で考える必要がある．

9.3 浸食速度予測式

次に，実験的に導かれた浸食速度予測式について，その妥当性を検証する．式 (9.1), (9.2) より浸食速度予測式は次のように書き表される．

$$E_s = \Theta \cdot u^{\star 3} = \alpha(T) \cdot R_{\text{wc}}^{2.5} \times u^{\star 3} \qquad (9.3)$$

図 9.3 には実測値と予測値とを直接比較した結果を示した．図の横軸が実測値を，縦軸が式 (9.3) による予測値をそれぞれ表している．なお，図 9.3 には原則として前掲の図 9.2 に示されたデータ以外のものがプロットされてい

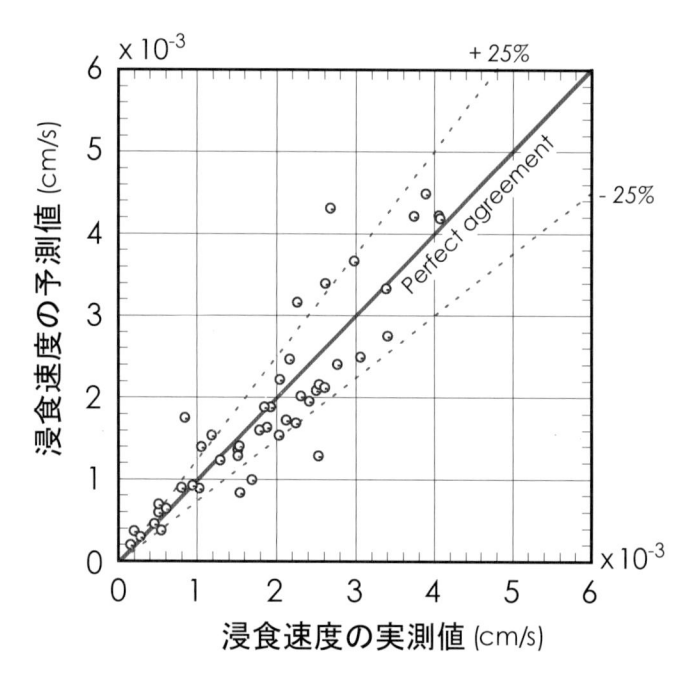

図 9.3 粘着性土の浸食速度予測式の妥当性の検証

る．また，図中の実線は両者が完全に一致することを表し，2本の点線で挟まれた区域は両者の誤差が $\pm 25\%$ 以下であることを示している．この図より，式 (9.3) が実用的に見て十分な精度を持つことが理解されよう．

9.4 粘着性土に関わるその他の移動床問題

粘着性土が浸食されていくプロセスについてもある程度まではその理解が深まってきている．たとえば，浸食が活発に生じるような掃流力の範囲では，粘着性土の表面に波状の凹凸が現れることが知られている．しかも，この波は変形を繰り返しながら下流方向に移動していくこともわかってきた．第10章では，砂礫からなる河床において形成・発達する河床波について解説するが，粘着性土からなる河床においてもこうした波が形成される．しかし，このような河床波の形成過程に関しては未だ十分な理解が得られておらず，今後の研究の進展を待つほかない．

このほかにも，土砂の粘着性が強く影響するような移動床問題は少なくない．たとえば，第11章で地形変動のひとつである河道の側岸浸食について解説するが，概説で述べたメコン川のような河川では粘着性河岸の側方浸食の問題が生じている．これについては一部研究 [11],[12] が進められているものの，未だ十分とは言えない状態にある．一方，河川上流部の山腹斜面や農地に目を向けると，その崩壊地や土壌には少なからず粘着性土が含まれている．そのため，斜面地形の変動や農地からの土壌流亡の問題に取り組んでいくためには，含有された粘着力の影響を定量的に評価していくことが不可欠である．ただし，このような問題のうちの多くは粘土含有率が $R_{cc} \leq 0.3$ 程度の条件下で起こっているものも少なくないと推察されることから，こうした現象を考える際に 9.3 で説明した浸食速度予測式をそのまま適用するのは適切ではない．このような粘土含有率を対象とした研究 [13] もなされているが，本格的にはこれからと言うべきかもしれない．このように，今後に残された課題は多く，本章で説明されたような知見を出発点としてさらなる解明に挑んでいくことが求められている．

参考文献

[1] 関根正人,西森研一郎,藤尾健太,片桐康博：粘着性土の浸食進行過程と浸食速度に関する考察,水工学論文集,第47巻, 541-546, 2003.

[2] 芦田和男,澤井健二:粘土分を含有する砂れき床の侵食と流砂機構に関する研究,京都大学防災研究所年報,第17号B, 571-584, 1974.

[3] 青木美樹,首藤信夫：粘性土堆積層の洗掘現象に関する実験的研究,第26回水理講演会論文集, 87-92, 1982.

[4] 芦田和男,江頭進治,加本 実：山地流域における侵食と流路変動に関する研究(1),京都大学防災研究所年報,第25号B-2, 349-361, 1982.

[5] 大坪国順：底泥の飛び出し率の推定,第28回水理講演会論文集, 671-677, 1984.

[6] 大坪国順,村岡浩爾：底泥の物性および限界掃流力に関する実験的研究,土木学会論文集,第363号/II-4, 225-234, 1985.

[7] Partheniades, E.: Erosion and Deposition of Cohesive Soils, Journal of Hydraulic Division, Proc. of ASCE, Vol.91, HY1, 105-138, 1965.

[8] Murray, W. A.: Erodibility of Coarse Sand-Clayey Silt Mixtures, Journal of Hydraulic Division, Proc. of ASCE, Vo.103, HY10, 12-1227, 1977.

[9] Ariathurai, R. and Arulanandan, K.: Erosion Rates of Cohesive Soils, Journal of Hydraulic Division, Proc. of ASCE, Vol.104, HY2, 279-283, 1978.

[10] 西森研一郎,関根正人,樋口敬芳,赤木俊雄：実河川に堆積した粘着性土の浸食速度評価に関する実験的研究,水工学論文集,第52巻, 541-546, 2008.

[11] 福岡捷二,木暮陽一,佐藤健二,大東道郎：自然堆積河岸の侵食過程,水工学論文集,第37巻, 643-648, 1993.

[12] 建設省土木研究所河川研究室：洪水流を受けた時の多自然型河岸防御工・粘性土・植生の挙動,土木研究所資料,第3489号,1997.

[13] 金屋敷忠儀,芦田和男,江頭進治：山地流域における濁質物質の生産.流出モデルに関する研究,第24回水理講演会論文集, 143-151, 1980.

第10章

河川地形とその形成

10.1 概説

　前章までは，水流中の土砂輸送，すなわち流砂の基本的な考え方について解説してきた．河床を構成していた土砂粒子が移動を開始すると，その地形の高さが低下することになり，移動した土砂が河床上に停止すると地形高は上昇することになる．このように土砂移動が生じるということは，流れにとっての固体境界にあたる地形が同時に変化することを意味する．この地形変動については第11章で説明するが，その前に河川地形が持つ本来の特性について紹介しておく．河川の地形を平均的に見たときに，「その平面形状は真っ直ぐであり，その川底はほぼ平らである」というイメージを持っている読者はいないだろうか．その実際については次節以降に説明するが，自然豊かな河川空間について考えていくとき，自然河川が持つ姿を正しく理解しておくことが重要である．そこで，本章では，河道の縦断形状や平面形状の特性に加えて，河床に形成される中小規模の地形についても，その特徴を整理しておくことにする．

10.2 河川の縦断形状

　図 10.1 にはわが国の河川の縦断形状を示す．図よりわかるとおり，一般

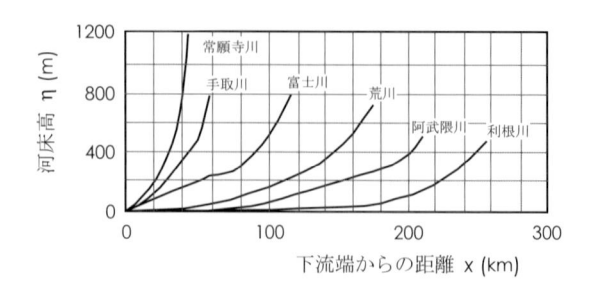

図 10.1 河川の縦断形状

に河川の縦断形状は次式のような指数関数で近似することができる．

$$\eta = \eta_o \times e^{-ax} \tag{10.1}$$

ここに，x は縦断方向距離，η は河床高，η_o は $x=0$ における河床高をそれぞれ表す．わが国の河川の場合には，大陸の河川に比べて総延長距離が短く勾配が急であるという特徴を持つ．これは式 (10.1) 中の定数 a の値が，河川によって異なるものの相対的に大きな値をとることを意味する．

さらに，**図 10.2** には鬼怒川の河川地形データを示している．図の上段が最深河床高の縦断方向変化 (平成 11 年) を，下段には河床の平均粒径 (昭和 39 年[1]) をそれぞれ示してある．図の横軸は利根川との合流点から上流側にとった距離を表している．この図より，河床高が縦断方向に変化するのに伴い，河床を構成する土砂の粒度分布も縦断方向に変化していることがわかる．すなわち，一般に，河川上流部には粒径の大きな石礫が存在するのに対して，河口付近には砂やシルトあるいは粘土が存在している．**図 10.2** に示した鬼怒川の場合の平均粒径について見ると，上流側 50 km ほどは 10 mm を超える礫であるのに対して，40 km の下流側では 1 mm 以下の砂となっており，この間で粒径が急激に変化している．これは，この間で川幅が急に狭くなっていることと無関係ではなく，この河川の一つの特徴になっている．また，下流端が利根川との合流点となっていることなどから，この河川区間で平均粒

---

[1] 平均粒径は，この時期以降あまり大きく変化していないと考えてよい．

10.3. 河道の平面形状

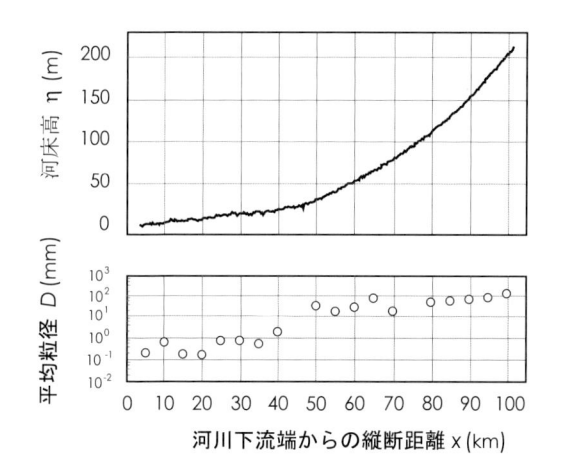

図 10.2 鬼怒川の地形 (国土交通省関東地方整備局下館河川事務所より提供)

径がシルトや粘土に相当するものになるまで小さくなることはない．

このように河床を構成する材料の粒径が下流側にいくほど小さくなる現象をdownstream fining と呼ぶことがある．このようなことが生じる原因としては，**選択輸送** (selective sorting) と**摩耗** (abrasion) の二つを挙げることができる．前者に関しては，下流側ほど勾配が小さいために流下するにつれて掃流力が低下していくことによる．そこで，この掃流力と限界掃流力との大小関係から考えて，下流側ほど大きな粒径の土砂が移動しにくいことになる．これが土砂の選択輸送と呼ばれるものである．一方，後者に関しては，移動土砂が河床土砂と接触しながら輸送されていくため，流下するにつれて摩耗を受けていくことになる．そのため，個々の土砂の体積の減少と，摩耗によるシルトなどの微細土砂の生成とが生じる．これが摩耗による影響である．河川地形について考える場合には，その河床の高さばかりでなくその構成材料の粒度の変化についても考えていくことが必要となる．

10.3 河道の平面形状

流路の平面形状を応じて河道を分類すると，一般に次の3通りに大別される．

図 10.3 河道の平面形状と河床形態

(a) 交互砂州 (那賀川, 徳島県, 国土交通省四国地方整備局那賀川河川事務所より提供), (b) 蛇行河川 (釧路川, 北海道, 同省北海道開発局釧路開発建設部より提供), (c) 網状河川 (斐伊川, 島根県, 同省中国地方整備局出雲河川事務所より提供)

- **直線流路**：平野を流れる直線河道のほとんどは，河川改修を経て直線化されたものが多く，自然河川としての直線流路は山間部を流れる急流河川くらいしか存在しないようである．図 10.3(a) には徳島県を流れる那賀川の写真を示した．堤防の平面形状だけ見れば直線河道であるが，河道内には「交互砂州」が形成され，澪筋の蛇行した流れが生じていることがわかる．

- **蛇行流路**：扇状地や三角州 (デルタ) を除く平野の非常に広い範囲で見られる河道の代表的な平面形状である．近年の実験ならびに数値的な解析を通じて，直線河道であっても図 10.3(a) に示したように交互砂州が形成されるような条件が満足されると，流れが河岸にぶつかる位

置 (これを「水衝部」と呼ぶ) で河岸浸食が生じることで，やがては蛇行した流路へと変化することが明らかになってきている．**図 10.3(b)** に示したのは北海道釧路湿原を流れる釧路川の写真である．このように自然状態におかれた蛇行河川は，その流路の変動に伴い流路の短絡 (cut-off) が生じて三日月湖が形成されるところまで変形が及ぶこともあり得る．

- **網状流路**：扇状地あるいは三角州の上に見られる河道の代表的な平面形状である．複数の流路が分岐・合流を繰り返しながら網目状のネットワークを形成し，結果として中州あるいは島と呼ばれる陸地が現れることが特徴である．直線流路の河床上に複列の砂州が形成されるような条件が満足されると，時間の経過とともに流路が発達を遂げ，河道の網状化が生じることがわかっている．**図 10.3(c)** には，網状河川の代表例として島根県を流れる斐伊川の写真を示してある．

10.4　小規模・中規模河床形態

　次に，流れの状態に応じて河床の形状がどのように変化するかについて考える．たとえば，水路内の土砂を平坦に敷き詰め，その上に水を流して水路床形状の変化を実験によって調べるものとする．いま，水路の勾配を一定に保ってそこを流す水の量 (すなわち流量) を段階的に増加させていくと，水路床はどのような状態になるであろうか．少なくとも流れが持つ掃流力が土砂の移動が可能となる限界掃流力以下であれば，土砂移動が生じないために河床には何の変化も起こらず，平坦な水路床のままである．次に，流量を少しだけ大きくして，掃流力がその限界値よりも大きくなるように設定すると，土砂移動が生じるようになるが，厳密にはこれが空間的に均一とならないために，条件によっては床面上に規模の小さな波が形成される．これが**河床波 (sand wave)** として知られるものである．これらの河床波は，その規模に応じて**砂漣 (ripple)** と**砂堆 (dune)** とに分けられる．前者の波長は粒径の 600〜1000 倍であるのに対して，後者の波長は水深の 5 倍程度となり，河床波の規模を規定する長さスケールが異なる．これらの河床形態は Lower regime に区分

されることがあり，波は静止しているわけではなく下流方向に移動する．なお，この上の流れは平均的に見れば常流になっている．これに対し，流量をさらに上げて掃流力を増大させたところで維持すると，それまで見られた河床波が洗い流され，「平坦河床」に戻ってしまう．さらに，この状態を越えて掃流力を増大させると，再び河床波が形成されることになるが，その河床波の形状は明らかに砂漣とも砂堆とも異なる．これを**反砂堆** (antidune) と呼ぶ．反砂堆は条件によって上流側にも下流側にも移動することがある．この平坦河床と反砂堆とをあわせて Upper regime に区分することがあり，その上の流れは一般に射流となる．

このような河床上に現れる地形全般のことを**河床形態**と呼ぶ．この河床形態は，掃流力 $\tau^\star$，フルード数 F_r，勾配 i_o，水深 h (あるいは径深 R_h) と粒径 D との比，などの影響を顕著に受けて生起する．河床形態は，その規模に応じて**小規模河床形態**と**中規模河床形態**と分けて整理され，前者は河床波を，後者は砂州地形を表す．表 10.1 はこの分類を模式的に表したものである．河床波は粒径あるいは水深のスケールであるのに対して，砂州地形は川幅のスケールを持つ．このうち，砂州に関しては，蛇行河川の湾曲部内岸側に形成される**固定砂州** (point bar) や，10.3 節で説明した**交互砂州**，**複列砂州** (うろこ状砂州) などに分類される．交互砂州や複列砂州は，水路幅スケールを有する河床形態である．これらは，河道を上から見たときに流れを左右に偏らせるほどの規模を持ち，浅瀬と深みとをつくり出す．そして，仮に河道自体が蛇行していない直線河道であっても，その中の流れに強制的に二次流を生み出す．そのため，前者の場合に河道が蛇行したものへ，後者の場合には網状のものへと変化していく可能性がある．

これらの河床形態が発生する条件については，これまで数多くの研究が進められ，その結果が**領域区分図**としてまとめられている．図 10.4 にはその一例を示してある．詳細は，元論文を参照されたい．

ところで，河床上に砂漣・砂堆あるいは反砂堆が形成されると，流れが受ける抵抗は，河床を形成する個々の土砂が粗度となることで生じる**表面抵抗** (skin friction) (または砂面摩擦抵抗) だけでなく，河床波の形成に伴ってその背後に剥離域ができることによって生じる**形状抵抗** (form drag) がこ

10.4. 小規模・中規模河床形態

表 10.1 河床形態の分類 [1]

名称		形状・流れのパターン	
		縦断面図	平面図
小規模河床形態	Lower regime 砂漣		
	Lower regime 砂堆		
	Transition 遷移河床		
	Upper regime 平坦河床		
	Upper regime 反砂堆		
中規模河床形態	砂州		
	交互砂州		
	複列砂州		

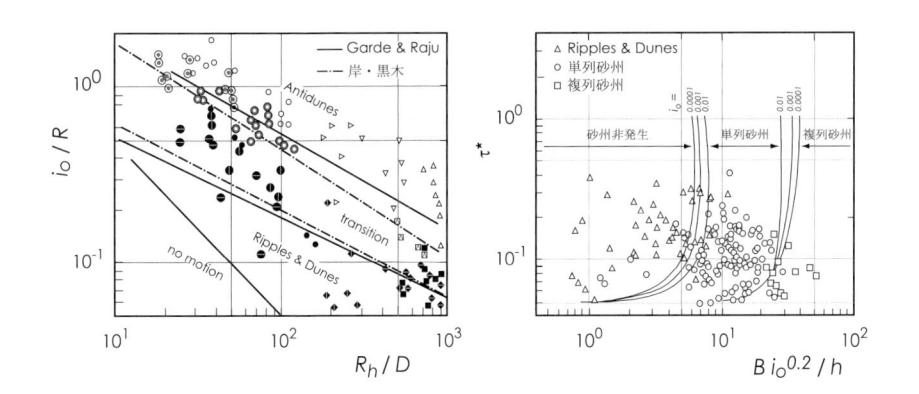

図 10.4 河床形態の領域区分図

小規模河床形態 [1](左), 中規模河床形態 [2](右); 左の図の縦軸は河床勾配と土砂の水中比重との比

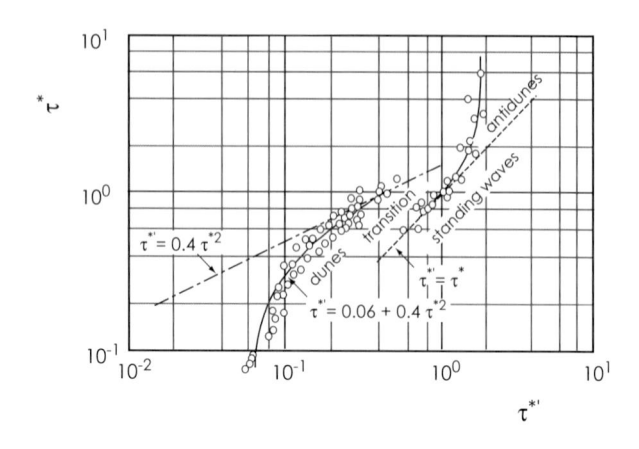

図 10.5 Engelund による全掃流力と有効掃流力の関係 [3]

れに加わることになる．このような条件下では，流れが受ける全抵抗（全掃流力）のすべてが土砂移動に寄与するわけではなく，形状抵抗の分は差し引いて考えなければならない．すなわち，表面抵抗を**有効掃流力** τ' と呼び，全掃流力 τ とは区別して考えることが必要である．Engelund[3] によれば τ と τ' の間には **図 10.5** に示すような関係があるとされる．したがって，河床波が形成される条件下での流砂量を推定する場合には，全掃流力から形状抵抗を差し引くことで有効掃流力を求め，これを流砂量関数に代入するなどして求めることが必要となる．

参考文献

[1] 土木学会水理委員会移動床流れの抵抗と河床形状研究小委員会：移動床流れにおける河床形態と粗度，土木学会論文報告集，第 210 号, 65-91, 1973.

[2] 黒木幹男・岸　力：中規模河床形態の領域区分に関する理論的研究，土木学会論文報告集，第 342 号, 87-96, 1984.

[3] Engelund, F. : Hydraulic Resistance of Alluvial Streams, Proc. ASCE, Vo.92, HY2, 315-326, 1966.

第11章

地形変動とその予測

11.1 概論

　第1章から第4章では水流の解析について，また，第5章から第9章では土砂移動の基本的な考え方について，それぞれ解説してきた．さらに，前章では，河川地形の特徴について説明した．本章では，これらを踏まえて，水流による地形変動とその予測手法について解説する．なお，ここでの考え方は，河床の局所的な変動や河道の流路変動だけでなく，**水成地形**全般の形成あるいは変動の予測にも適用できる．

　ところで，河川の地形を，短期間では洪水の前後で，長期間では数十年単位の期間をおいてそれぞれ比較すると，明らかにその姿が変わっていることに気づくであろう．規模の小さなものとしては，河床に河床波が形成されたり，河川構造物の周りで局所洗掘が引き起こされたりする．また，蛇行河川が多く見られる沖積平野では，河岸浸食によって流路が大きく側方にシフトし，その湾曲部の位置ならびに曲率が変わっていく様子を見ることができる．たとえば，石狩川流域の航空写真を見ると，多くの三日月湖がとり残されていることに気づくが，これはこうした流路変動の産物である．一方，扇状地や三角州の上に広がった河川を見ると，その多くは網状流路の特徴を持ち，不規則に伸びた毛細血管のような流路群が，時間の経過とともに形成・発達・消滅を繰り返していることがわかる．

このような地形変動はなぜ起こるのであろうか．答えを簡潔に述べるならば，「流砂の空間的な不均一性」により引き起こされると言うべきであろう．ある地点における土砂移動量がたとえ大きかったとしても，それが空間的に均一でバランスがとれているならば，地形が変形することはない．一方，その地点の土砂移動がない場合でも，上流から運び込まれる土砂があるならば，この土砂が堆積することにより地形は上昇することになる．こうした点についての正しい認識が必要である．

本章では，次のような順序で解説を行う．まず最初に，均一粒径砂を対象とした掃流砂による地形変動について説明する．次に，浮遊砂を伴う場合の変動について述べる．実際には両者が混在するような現象も考えられるが，この場合にはこの二つの影響を重ね合わせて評価すればよい．また，実際の地形に目を向けると，程度の差はあるものの混合粒径砂礫で構成されていると考える方が自然である．そこで，均一粒径砂礫を対象として培われてきた解析手法を一般化し，混合粒径砂礫をも取り扱えるように拡張することが必要となる．そこで，次にこれについて説明する．

このような地形変動の予測は，一般に，第7章で解説した掃流砂量関数，あるいは第8章で解説した浮遊砂濃度に関わる移流拡散方程式を考慮に入れながら，土砂の体積保存式に基づいて行うことになる．ところが，このような解析を進めていくと，数値計算上，局所的に砂礫の安息角に等しいか，あるいはこれを超えてしまうような急斜面が出現することがある．たとえば，河岸浸食などがこれに当たる．このように比較的規模の大きな浸食とそれに伴う土砂移動を合理的に取り扱うためには，上記のような解析方法だけでは不十分であり，別途**河岸浸食モデル**あるいは**斜面崩落モデル**と呼ばれる方法を導入することが必要になる．これについても解説する．

さらにその後に，河床変動あるいは流路変動の解析例を紹介する．河床変動解析の例としては，一次元のダム堆砂の問題を取り上げ，解析の手順と結果の解釈について説明した．また，混合粒径砂礫からなる蛇行河川を対象として，河床変動と土砂の分級に関わる現象について議論する．さらに，網状流路の形成・発達の過程に関わる数値シミュレーションについて解説し，河床の変動と河岸浸食とが密接に関連し合いながら複雑な地形が形づくられて

いくプロセスについて説明する．

　本章の最後に当たる 11.5 節には，著者が最近試みている河床変動の新たな解析手法について簡単に紹介する．地形変動を予測するためにこれまで用いられてきた手法については 11.4 節で説明するが，このような手法にも問題がないわけではない．掃流砂に関して言えば，ここで適用するのは第 7 章で解説した掃流砂量関数であり，これは土砂移動が定常平衡な状態で生じているものとして導かれたものである．しかし，もし流れ場の非平衡性が強く，流下方向に流れが急激に変化している場合には何が起こるであろうか．こうした場合には，ある地点の土砂移動量はその位置における掃流力と一対一には対応せず，掃流砂量関数はさらに多くの要因の影響を受けた複雑なものになっているはずである．河川構造物の周りで生じている局所的な洗掘現象は，ほぼこのような状況下で起こっていると考えるほうが自然である．著者は，このような非平衡性の強い流砂過程を力学的に忠実に再現するひとつの方法は，掃流砂量関数を導入する代わりに，個々の土砂の移動を式 (5.19) として示した土砂の質点系の運動方程式に依拠して解析し，その結果として地形変動を予測することではないかと考えている．そこで，このような趣旨から試行的に行った解析の一例を最後に紹介することにしたい．

11.2　水流による地表面変動解析の基礎

11.2.1　掃流砂による河床変動

　ここでは，河床が均一粒径砂礫で構成され，しかも河床面上を移動する砂礫がすべて掃流砂である場合の解析手法について説明する．いま，河床面上に図 11.1 に示すような微小なコントロール・ボリュームをとり，ここにおける体積保存の関係について考える．コントロール・ボリュームの大きさを流れ方向に Δx，横断方向に Δy とする．いま，このコントロール・ボリュームの中心位置における掃流砂量ベクトルの二成分を q_{Bx} および q_{By} としてテイラー展開の考え方に従うと，コントロール・ボリュームの四つの辺を横切って流入あるいは流出する単位幅当たりの流砂量は，図 11.1 に示すように書き表される．このとき，土砂の流出入によってコントロール・ボリューム内

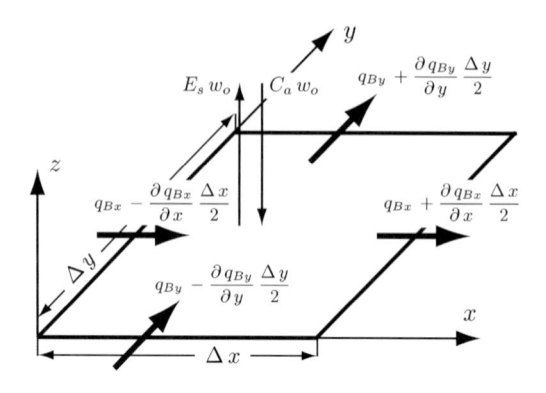

図 11.1 地形変動の概念図 (掃流砂と浮遊砂を考慮する場合)

に残留する土砂体積 **V** は，微小時間 Δt 当たり

$$\begin{aligned}
\mathbf{V} &= -\left[\left\{\left(q_{Bx} + \frac{\partial q_{Bx}}{\partial x}\frac{\Delta x}{2}\right) - \left(q_{Bx} - \frac{\partial q_{Bx}}{\partial x}\frac{\Delta x}{2}\right)\right\} \times \Delta y \right.\\
&\left. + \left\{\left(q_{By} + \frac{\partial q_{By}}{\partial y}\frac{\Delta y}{2}\right) - \left(q_{By} - \frac{\partial q_{By}}{\partial y}\frac{\Delta y}{2}\right)\right\} \times \Delta x\right] \times \Delta t \\
&= -\left(\frac{\partial q_{Bx}}{\partial x} + \frac{\partial q_{By}}{\partial y}\right) \times (\Delta x\, \Delta y) \times \Delta t \quad (11.1)
\end{aligned}$$

となる．いま，これだけの体積の土砂が $(\Delta x\, \Delta y)$ の面積のコントロール・ボリュームの上に堆積するとすれば，このコントロール・ボリューム内の河床面は平均して $\Delta \eta$ だけ上方へ変位することになる．ただし，この河床面の上昇は，堆積した正味の土砂体積分だけ生じるというわけではなく，堆積した土砂粒子の間にできる空隙の分だけその上昇量は大きくなる．すなわち，

$$(1-\lambda)\Delta \eta \times (\Delta x\, \Delta y) = -\left(\frac{\partial q_{Bx}}{\partial x} + \frac{\partial q_{By}}{\partial y}\right) \times (\Delta x\, \Delta y) \times \Delta t \quad (11.2)$$

ここに，λ が空隙率である．そこで，この式を $\Delta x \Delta y \Delta t$ で除すと，次の式が導かれる．

$$(1-\lambda)\frac{\Delta \eta}{\Delta t} = -\left(\frac{\partial q_{Bx}}{\partial x} + \frac{\partial q_{By}}{\partial y}\right)$$

11.2. 水流による地表面変動解析の基礎

さらに，式中の時間刻み，空間刻みをすべて 0 に漸近させるような極限操作を施して，微分方程式の形に書き改めると，次の式が導かれる．

$$(1-\lambda)\frac{\partial \eta}{\partial t} = -\left(\frac{\partial q_{Bx}}{\partial x} + \frac{\partial q_{By}}{\partial y}\right) \quad (11.3)$$

これが **Exner(エクスナー) の式**と呼ぶこともある**土砂の連続式**である．河床変動をはじめとした地形変動予測は，この式を基づいて行われる．

この式 (11.3) を基に考えると，コントロール・ボリュームへの土砂の流出入のバランスが崩れている地点では地形変化が生じ，流入量が流出量を上回る場合には堆積が，下回る場合には浸食がそれぞれ生じることになる．掃流力が大きく流砂量が大きい地点ほど浸食を受けやすいという直感を持ちやすいが，これは明らかに誤りである．大量の土砂が運び出されたとしても同量の土砂が運び込まれるならば，その地点の地形高は変わらないのである．

次に，掃流砂のみにより引き起こされる河床変動の具体的な解析方法について説明する．基礎式が式 (11.3) であることは既に述べた．この式 (11.3) の解法に当たっては，時間刻みを Δt，格子点間隔を Δx および Δy としてこの式を離散化し，例えば次のように書き換える．

$$\eta_{i,j}^{n+1} = \eta_{i,j}^{n} - \frac{\Delta t}{1-\lambda} \times \left(\frac{q_{Bx_{i,j}}^{n} - q_{Bx_{i-1,j}}^{n}}{\Delta x} + \frac{q_{By_{i,j}}^{n} - q_{By_{i,j-1}}^{n}}{\Delta y}\right) \quad (11.4)$$

ここに，$t = n \times \Delta t$, $x = i \times \Delta x$, $y = j \times \Delta y$ である．これを踏まえて，河床変動計算の主な流れを以下にまとめて示す．

(1) 河床を構成する土砂の粒径から，無次元限界掃流力 $\tau_c^\star$ を算定する (第 6 章参照)．

(2) 計算領域全体を網羅するように，計算格子を設定する．

(3) 流れ場を支配する方程式を数値的に解いて，河床におかれたすべての計算格子点上の底面せん断力(掃流力)を算定する．さらに，これを無次元掃流力 $\tau^\star$ に換算する．

(4) $\tau_c^\star$ と $\tau^\star$ の大小関係を考慮しつつ，掃流砂量関数を適用してコントロール・ボリュームの境界面上の掃流砂量成分 $q_{Bx_{i,j}}^{n}$, $q_{By_{i,j}}^{n}$ などを算定する (第 7 章参照)．

(5) 掃流砂量の値を式 (11.4) に代入し，次の時刻における河床高 $\eta_{i,j}^{n+1}$ の値を求めていく．これを計算領域内のすべての格子点に対して行う．

(6) $\eta_{i,j}^{n+1}$ の値を $\eta_{i,j}^{n}$ に代入し，河床高データを更新する．

(7) 手順 (2)～(6) までを所定の時刻になるまで繰り返す．そして所定の時刻に達したら計算を終了する．

11.2.2 浮遊砂による河床変動

次に，浮遊砂が河床変動に及ぼす影響について考える．浮遊砂やウォッシュロードの輸送については，移流拡散方程式に基づいて解析が行われることを説明したが，これまでの考え方によれば，河床面から水深の 5% の位置に基準面を設定し，そこにおける濃度を境界条件として，これより上の濃度を求めることになる．この基準面濃度については，浮遊砂を伴う平衡状態の流れを対象として導かれている．ここに，平衡状態とは，土砂濃度が水深方向には変化するものの，流下方向・横断方向には変化しない状態を指す．この状態では，基準面を通して上方へと運ばれる土砂体積は，この面を通して下方へ沈降する土砂体積と等しくならなければならない．一方，河床面とこの基準面に挟まれた区間に注目すると，平衡状態においてはこの区間内を移動する掃流砂の体積も時空間的に変化することはない．そこで，基準面を通して下方へ運ばれた土砂体積と同量の土砂が河床面上に堆積する．しかし，平衡状態においては河床面の高さも変化することがないため，河床面ではこの堆積量と同量の土砂が単位時間当たりに巻き上げられる (浸食される) ことになる．このように考えると，河床面において生じる単位時間当たりの浸食量は，基準面において上方に巻き上げられる量と一致する．そして，平衡状態において計測された基準面濃度を C_{ae} と書くならば，単位面積・単位時間当たりに河床面からの巻き上げられる土砂体積量，すなわち巻き上げ速度 $\tilde{E}_s$ ($\equiv E_s w_o$) は次のように書き表されることになる．

$$\tilde{E}_s = C_{ae} \times w_o \tag{11.5}$$

いま，平衡状態において評価された巻き上げ速度 $\tilde{E}_s$ についての関係式が，

非平衡状態にもそのまま適用できるものとする．また，基準面を通過して沈降した浮遊土砂が直ちに河床面に達して堆積すると仮定する．非平衡状態では，基準面を通して沈降する土砂量 $C_a w_o$ と河床から巻き上げられる土砂量 $E_s w_o$ とが必ずしも一致するわけではない．そこで，浮遊砂の巻き上げ・堆積に伴い生じる河床変動は以下のように記述される．

$$(1-\lambda)\frac{\partial \eta}{\partial t} = w_o \times (C_a - E_s) \tag{11.6}$$

したがって，8.3.5 項で説明した浮遊土砂濃度の解析により基準面濃度 C_a が求められれば，式 (11.6) を η について解くことで，浮遊砂に伴う河床変動過程を解析することができる．一般に，掃流砂と浮遊砂が共存するような場における解析を行う場合には，両者の影響を重ね合わせるように解析することになり，式 (11.3) の右辺に式 (11.6) の右辺を加え合わせた式を解くことになる．そこで，具体的な解法は，11.2.1 項で説明した計算手順 (4) および (5) において，式 (11.6) の右辺の影響を考慮することになる．

11.2.3 混合粒径砂礫からなる河道の河床変動

ここまでは，河道が均一な粒径の土砂で構成されている場合の河床変動について解説してきた．しかし，実際の河道は混合粒径砂礫で構成されており，河川下流域を除けばこの影響を考慮した解析を行うことが望ましい．そこで，ここでは，11.2.1 項で説明した掃流砂による河床変動解析の基礎式を，混合粒径砂礫をも取り扱えるように拡張しておくことにしよう．

さて，河道が混合粒径砂礫で構成されている場合には，さまざまな粒径を含んだ土砂全体に対して体積保存の関係を満足させるだけではなく，粒度分布を構成する各粒径階層の土砂に対しても体積保存則を満足させていくことが必要となる．そこで，混合粒径砂礫を複数の粒径階層に分割して考える．その際，第 5 章で紹介した ψ スケールを用いるとよい．

後掲の 11.4.2 項では，Muddy Creek という河川における河床変動解析について説明しているが，その際に用いた粒度分布を**図 11.2** に示す．解析の詳細は後述することにして，粒径階層の取り扱い方についてだけこの図を例に説明しておく．ここに示された土砂は ψ スケールで $3 \leq \psi \leq -2$ の幅を持

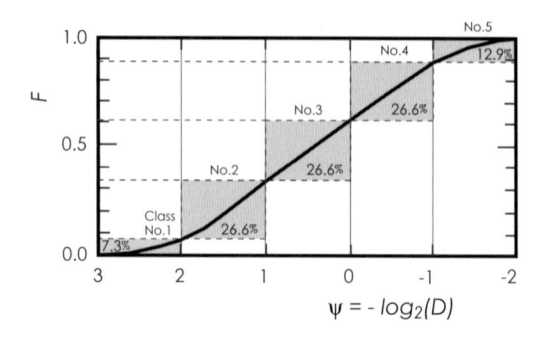

図 11.2 Muddy Creek の数値解析に用いた初期粒度分布

ち，これを mm 単位で表した粒径で表すと $2^{-3} \leq D \leq 2^2$ ということになる．ここでは，**図 11.2** で示したように，土砂全体を ψ スケールに応じて五つの粒径階層に分割して考えることにした．そこで，例えば粒径階層 No.3 の土砂について見れば，この代表粒径が $2^{1/2}$ mm，その含有率が 26.6 % であるとして解析を行うことになる．

次に，i 番目の粒径階層の砂礫に注目して，その体積保存の関係について考えることにしよう．概念図を**図 11.2**[1] に示す．河床表面下の構造としては，移動してきた砂礫が堆積したり，逆に河床表面にあったものが動き出すことによって，流砂と河床構成材料とが活発に交換を繰り返す層ができると考えられている．この層のことを**交換層** (exchange layer or active layer)，あるいは**表層** (surface layer) と呼ぶ．一方，この層の下方には流砂との交換に直接は関係しない層があり，これを**貯留層** (substrate) と呼ぶ．掃流砂の移動に伴って河床変動が進行していく過程についてみると，交換層では，掃流砂として移動してきた粒子が河床表面に存在する砂礫粒子にぶつかることで停止するだけでなく，新たな粒子を移動させることがある．また，この衝突に

---

[1] ここでは河床面下の鉛直構造を交換層と貯留層からなる二層で表現することにしているが，両者の間に**堆積層**を介在させるような考え方もある．たとえば，**図 11.2** の状態から河床が単調に上昇するものとする．このとき，交換層の厚さは時間とともに大きく変動することはないし，また，貯留層の上縁が上方に変位することもないので，河床の上昇によって交換層と貯留層との間に新たな層 (これを**堆積層** (deposition layer) と呼ぶ) が形成されていくことになる．数値解析においてもこのような堆積層を想定した取り扱いをすることが望ましい．

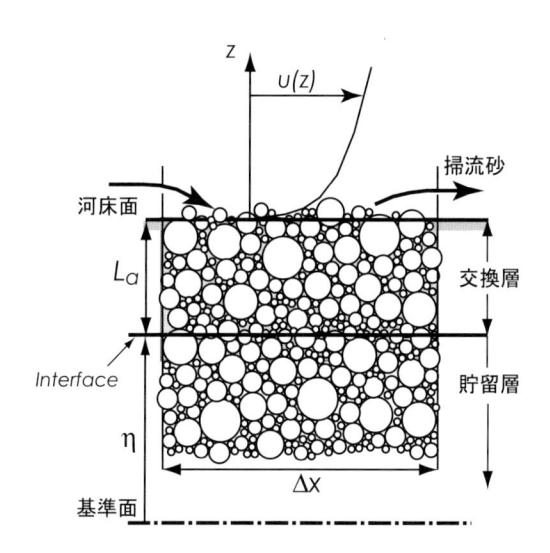

11.2. 水流による地表面変動解析の基礎

図 11.3 混合粒径河床の概念図

よって層内の土砂は水平方向のみならず鉛直方向の運動量を受け，粒子個々の相対的な変位が生じるため，結果として層内の混合が引き起こされる．交換層の厚さ L_a については，これを力学的に定式化するところまで研究が進展しているわけではないが，礫床河川の場合には概ね 90% 粒径 D_{90} の 3 倍程度，砂床河川の場合には例えば砂堆の波高の半分程度と考えればよいとされている．参考までに，砂堆の波高は水深 h の 1/5.5 程度になるとされる．

さて，砂礫の粒度比率を広く f_i と書くことにし，交換層における具体的な値を F_i，貯留層における値を f_{sub_i}，両者の境を表す Interface における値を f_{I_i} と，それぞれ表すことにする．いま，河床構成材料を図 **11.3** のように Δx だけ離れた二つの鉛直断面で区切り，この中に存在する i 番目の階層に属する砂礫の体積保存の関係を考えることにする．河床表面が 100% の割合で i 番目の砂礫で被われている場合の掃流砂量ベクトルの成分を (q_{Bx_i}, q_{By_i}) とすれば，これは前出の掃流砂量関数から評価することができる．しかし，実際には F_i の割合でしかその砂礫が存在しないことを考えると，実際の掃流砂量ベクトルの成分は $(F_i \cdot q_{Bx_i}, F_i \cdot q_{By_i})$ となる．このことを考慮して，体積

保存の関係を導くと，次のようになる．

$$\frac{\partial}{\partial t}\left(\int_0^{\eta+L_a}(1-\lambda)fdz\right) = -\frac{\partial}{\partial x}\left(F_i \cdot q_{Bx_i}\right) - \frac{\partial}{\partial y}\left(F_i \cdot q_{By_i}\right) \quad (11.7)$$

式 (11.7) の右辺が 0 でなければ，言い換えれば i 番目の階層の砂礫の輸送量にアンバランスがあれば，コントロール・ボリューム内の砂礫の i 番目の階層の占める割合が時間的に変動することになる．さらに，この式 (11.7) をライプニッツの法則を使って書き換えると，次の式が導かれる．この式 (11.8) が，i 番目の土砂粒子に関する体積保存式である．

$$(1-\lambda)\left(f_{Ii}\frac{\partial \eta}{\partial t} + \frac{\partial}{\partial t}(L_a F_i)\right) = -\frac{\partial}{\partial x}\left(F_i \cdot q_{Bx_i}\right) - \frac{\partial}{\partial y}\left(F_i \cdot q_{By_i}\right) \quad (11.8)$$

式 (11.8) 中に現れる Interface における粒度比率 f_{Ii} は，次のように見積もられる．すなわち，もし河床が上昇しているのであれば，f_{Ii} として交換層の値 F_i (急激な上昇が生じる場合には掃流砂の粒度比率) を用いる．一方，低下しているのであれば貯留層の値 $f_{\mathrm{sub}i}$ をそれぞれ用いる．

$$f_{I_i} = \begin{cases} F_i & \cdots \dfrac{\partial \eta}{\partial t} > 0 \\ f_{sub_i} & \cdots \dfrac{\partial \eta}{\partial t} < 0 \end{cases} \quad (11.9)$$

最後に，全粒径の砂礫を対象とした体積保存則は，式 (11.8) をすべての粒径階層にわたって加え合わせることにより次のように定式化される．ここでは，粒度分布を離散化して考えているため，次のような算術和の形で書き表すことにする．

$$(1-\lambda)\left(\frac{\partial \eta}{\partial t} + \frac{\partial L_a}{\partial t}\right) = -\frac{\partial}{\partial x}\left(\sum_{i=1}^N F_i \cdot q_{Bx_i}\right) - \frac{\partial}{\partial y}\left(\sum_{i=1}^N F_i \cdot q_{By_i}\right) \quad (11.10)$$

これが土砂全体の体積保存式である．

このように混合粒径砂礫からなる河床の変動を考える場合には，各粒径階層の存在比率 F_i と河床高 η の変化とが同時に進行していくことを理解していくことが必要である．

11.3 斜面崩落による大規模地形変動解析の基礎

河道内で生じる地形変化について見ると，一般に「河床変動」と「流路変動」に分けて議論されることが多い．前者は，河床の浸食・堆積に伴う比較的規模の小さい地形変動過程であり，前節で説明した基礎式を適用することによりその解析は可能である．これに対して，浸食を受けることで生じた斜面が安息角に等しいか，あるいはこれを超える傾きを持つようになると，例えば河岸浸食に代表されるような大規模な浸食が引き起こされることになり，河道の平面形状までもが変化してしまう．このような変動が「流路変動」である．こうした大規模な浸食とそれに伴う大量の土砂供給については，11.2 節で説明した解析手法だけでこれを再現することはできず，新たな手法を導入する必要がある．これを「河岸浸食モデル」，あるいは「斜面崩落モデル」と呼ぶ．ここでは，このような取り扱いについて解説する．具体的には，これまで広く適用されてきた長谷川による「河岸浸食モデル」[1] と，最近になって関根により提案された「斜面崩落モデル」[2] を取り上げる．

11.3.1 河岸浸食モデル

ここでは，長谷川による河岸侵食モデル [1] について説明する．

図 11.4 にはその概念図を示してある．いま，河岸浸食が生じる直前の河

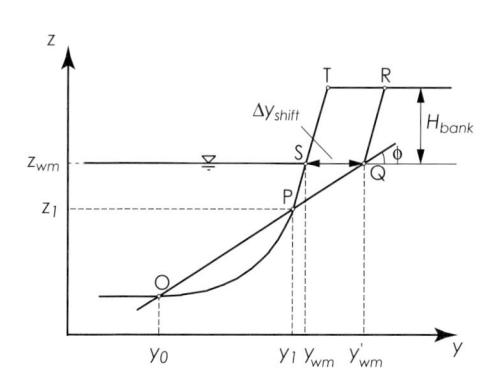

図 11.4 長谷川による河岸浸食モデル

岸の横断面形状が図中の曲線 OPST であるとして，このモデルの基本的な考え方をまとめると，次のようになる．

- 浸食は図 11.4 に示した横断面の単位奥行き (すなわち，流れ方向にとった単位距離) にわたって一様に生じるものとする．数値解析においては，流れ方向にとられた計算格子一つ分の幅にわたって一様に浸食が生じるものとする．
- 河岸浸食は連続的ではなく間欠的に生じる．そして，一回の浸食により生じる河岸の後退量 (右方変位量) を Δy_{shift} と記すことにすれば，これを $\Delta y_{\text{shift}} = \alpha H_{\text{Bank}}$ のように与えるものとする．ここに，H_{Bank} は水面位置から見た河岸の高さを表し，α はあらかじめ与えられる比例定数とする．
- 水際より上の河岸の法肩に当たる部分では，水面下で生じた浸食に伴って崩壊を起こすことになる．ここでは，図 11.4 中の点 S が点 Q に移動するのに伴って，斜面 ST が斜面 QR の位置に変位することにし，この二つの斜面の傾斜角は初期の値と変わらないものとする．
- 図 11.4 の平行四辺形 QRTS と三角形 PQS の面積をそれぞれ a_1, a_2 とすると，この和が一回の河岸浸食で水面下に供給される土砂量を表す．そして，この和 $a_1 + a_2$ が直線 OP と曲線 OP で囲まれた面積 a_3 に等しくなったとき，直線 OQ に沿って浸食・崩壊が生じるものとする．ここに，図中の ϕ は斜面の水中安息角である．
- 河岸浸食後の斜面形状が図中の二本の直線 OQ および QR で表されるものとする．これにより浸食に伴う土砂の保存則は満足される．

前述の面積 a_1, a_2 および a_3 は，図 11.4 中の記号を用いて次のように定式化される．

$$a_1 = \Delta y_{\text{shift}} \times H_{\text{Bank}} \quad (11.11)$$

$$a_2 = \frac{1}{2} \Delta y_{\text{shift}} \left(z_{wm} - z_1 \right) \quad (11.12)$$

$$a_3 = \int_{y_0}^{y_1} (\tilde{z} - z)\, dy \quad (11.13)$$

ここに,式 (11.14) 中の変数 z は曲線 OP 上の点の z 座標を,$\tilde{z}$ は直線 OP 上の点の z 座標をそれぞれ表し,後者は次のように表される.

$$\tilde{z} = z_{wm} - \left[(y_{wm} + \Delta y_{\text{shift}}) - y\right] \tan \phi \qquad (11.14)$$

ここに,浸食前の水際位置を表す点 S の座標を (y_{wm}, z_{wm}) とする.

そして,河岸浸食が生じるのは,

$$\int_{y_0}^{y_1} (\tilde{z} - z) \, dy \geq \Delta y_{\text{shift}} \times H_{\text{Bank}} + \frac{1}{2} \Delta y_{\text{shift}} (z_{wm} - z_1) \qquad (11.15)$$

の条件が満足される瞬間ということになる.なお,浸食が生じた後に再び式 (11.15) が満たされるまでにはある程度の時間がかかるため,河岸浸食は間欠的な現象として再現されることになる.

11.3.2　斜面崩落モデル

次に,関根による斜面崩落モデル [2] について説明する.このモデルと前掲の長谷川による河岸浸食モデルとの根本的な違いは以下の点にある.

- ここで取り扱う大規模な斜面浸食は,流れに直交する y–z 平面内で生じるとは限らず,着目する点から見て最急勾配となる方向に向かって生じる.しかも,河岸浸食に限定せず,例えば交互砂州の前縁のような水面下に出現する急な斜面についても適用できるものとする.一方,長谷川モデルは,その名のとおり河岸浸食にのみ適用できる.
- 浸食を受ける土塊は,長谷川モデルではその直下の河床上に堆積するものとしたが,ここでは,「付加的な流砂量」として流砂量関数により評価された流砂量に加算し,11.2.1 項で説明した土砂の連続式を解く際にその影響を反映させることにする.

それでは,斜面崩落モデルの説明に入ることにしよう.概念図を図 11.5 に示す.ここでは,図 11.5 の点 O を中心とする斜面群を例に説明する.まず最初に,格子点 O を原点としてその周りに広がる四つの斜面 (第一から第四象限) に対して,ここに出現する最急勾配の値およびその方向を求める.任

(a) 平面図　**(b) 鳥瞰図**　崩落面

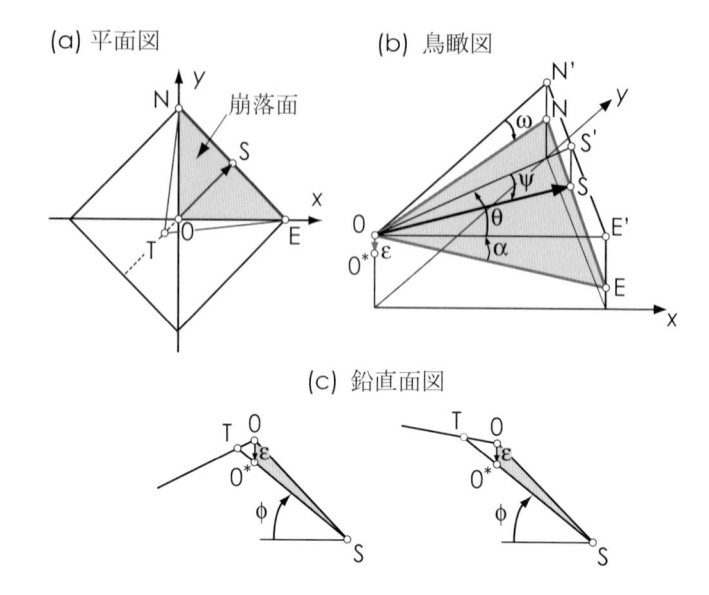

(c) 鉛直面図

図 11.5 崩落モデルの概念図 [2]

意の象限の斜面の縦断方向ならび横断方向傾斜角を α ならびに ω とすると，この斜面における最急勾配 $\tan \psi$ は，

$$\tan \psi = \sqrt{\tan^2 \alpha + \tan^2 \omega} \tag{11.16}$$

となる．ここでは，**図 11.5(b)** に示した第一象限における最急勾配が，四つの象限における値の中で最大であるとして以下の説明を行う．まず，図中の各点の座標を以下のように定義しておく．まず，点 O, N, E を実際の地形面上の計算点として，

$$\text{O}(0, 0, \eta_o), \ \text{N}(0, \Delta y, \eta_N), \ \text{E}(\Delta x, 0, \eta_E) \tag{11.17}$$

とおく．また，点 O と等しい z 座標を持つ水平面を考え，点 N および E をこの面上に投影した点をそれぞれ点 N′, E′ とすると，

$$\text{N}'(0, \Delta y, z_N), \ \text{E}'(\Delta x, 0, z_E) \tag{11.18}$$

$$z_N = \eta_N - \eta_o, \ z_E = \eta_E - \eta_o \tag{11.19}$$

11.3. 斜面崩落による大規模地形変動解析の基礎

と書き表される.

以上の準備の下に，図 11.5 の斜面の最急勾配の方向を求める．いま，点 O から点 S に向かう方向が最急勾配の方向であるとすると，その位置を表すベクトル $\overrightarrow{OS}$ は，媒介変数を $s^\star$ として次のように表される.

$$\overrightarrow{OS} = (s^\star \Delta x,\ (1-s^\star)\Delta y,\ s^\star z_E + (1-s^\star)z_N) \quad (11.20)$$

$$s^\star = \frac{(\Delta y)^2 z_E}{(\Delta x)^2 z_N + (\Delta y)^2 z_E} \quad (11.21)$$

ところで，この斜面に対して式 (11.16) から算定される最急勾配 $\tan\psi$ が土砂の水中安息角 $\tan\phi$ との関係で，

$$\tan\psi \geq \tan\phi \quad (11.22)$$

の条件を満足する場合には，式 (11.20) で示される方向に土塊の崩壊 (規模の大きな浸食と同義) が生じることになる．具体的には，図 11.5(c) に示すように点 O が ϵ だけ低下し，直線 TO*S が水平面となす角度が水中安息角となるような体積分だけ土塊が浸食を受け，この体積の土砂が図の右方向へ運び去られると考える．また，点 O における鉛直方向への低下量 ϵ は，次のように表される.

$$\epsilon = \sqrt{(s^\star \Delta x)^2 + (1-s^\star)^2(\Delta y)^2} \times (\tan\psi - \tan\phi) \quad (11.23)$$

そこで，一つの計算時間ステップ Δt 内での地形変化によって誘起されたこのような崩壊が，同じ時間ステップ内で完了するものと近似すると，この崩壊によって単位時間当たりに供給される土砂量は以下のようになる.

$$Q_{\text{Collapse}} = \beta \times \frac{(1-\lambda)(\epsilon \Delta x \Delta y)}{6\Delta t} \quad (11.24)$$

ここに，β は図 11.5(a) 中の三角形 TEN を水平面に投影したの面積の三角形 OEN の投影面積に対する比を表す．次に，この結果を点 O の周辺の格子点における地形高の計算に反映させようとすると，この供給土砂量を x および y 軸方向の単位幅当たりの流砂量ベクトルの形に書き換えることが必要と

なる．そこで，この付加的な流砂量ベクトル $\vec{q}_{\text{Collapse}}$ が式 (11.20) の最急勾配の方向を向くものとすると，

$$\vec{q}_{\text{Collapse}} = Q_{\text{Collapse}} \times \left(\frac{\cos \theta}{\Delta y}, \frac{\sin \theta}{\Delta x} \right) \quad (11.25)$$

のように書き表される．

この付加的な流砂量ベクトルは，前出の土砂の連続式である式 (11.4) の右辺の評価の際に考慮されるものとし，流砂量関数から定まる流砂量成分にこの式 (11.25) による量を加えた値を用いることにする．具体的には，この付加的な流砂量を図 11.5(a) の点 O の地形変動計算において考慮するだけでなく，点 E の計算においてその x 方向成分を，点 N の計算において y 方向成分をぞれぞれ考慮することになる．

図 11.5(c) には，斜面を最急勾配線に沿う鉛直面で切ったときの切り口を示してある．このうち，左側のパターンが交互砂州の前縁において生じる斜面崩落に対応する．また，右側のパターンのように浸食が起こり，しかも水際が点 O 付近あるいはそれ以下に位置するような場合が河岸浸食を表し，図の三角形 OST の部分の土塊が浸食を受けることになる．また，図 11.5(a) において点 O の低下が生じると，崩落面の反対側の隣接点と点 O とで形作られる面内に生じる最急勾配の値が大きくなり，連鎖的に新たな崩壊が誘起されることもあり得る．そこで，これも一連の解析を行う際に処理することになる．

11.4　地形変動解析例

11.4.1　ダム堆砂に関わる一次元河床変動解析

ダム堆砂に関する一次元の河床変動計算を例にとり，河床変動解析全般の進め方について解説する．

ここでの解析例は，2.3 節の不等流計算に関する**設問**と同一の条件下で計算されたものである．なお，貯水池内においても水面幅は変わらないものとし，一次元の現象として取り扱う．解析条件は，以下のとおりである．すなわち，初期河床勾配を $i_o = 0.01$，単位幅流量を $q = 10.0 \, (\text{m}^3/\text{s/m})$，マニン

グの粗度係数を $n = 0.05$ とする．計算対象領域をダムの上流側 16 km の区間とし，下流端ではダムによって水深が 50.0 m に保たれており，水のみが流出するものとする．河床構成材料は $D = 50\,(\mathrm{mm})$ の均一な礫であり，その比重を $\sigma_s = 2.65$，空隙率を $\lambda = 0.4$ とする．

河床変動計算の主な流れは，以下のとおりであり，この手順に従って解析を進めればよいことになる．

(1) シールズ図表より粒径 50 mm の礫に対する無次元限界掃流力 $\tau_c^\star$ を求める．ここでは，$\tau_c^\star = 0.05$ とする．

(2) 2.3 節の **設問** と同様に不等流計算を行い，Δx ごとに等間隔にとられた計算点 i における水深 h_i を求める．ここに，$x = i \times \Delta x$ とする．

(3) 水深 h_i の値を次式に代入して，その計算点における無次元掃流力 $\tau_i^\star$ を求める．

$$\tau_i^\star = \frac{n^2 q^2}{R D h_i^{7/3}}$$

ここに，R は土砂の水中比重 ($= 1.65$) である．

(4) 次に，例えば Meyer-Peter and Müller の式を適用して各計算点における掃流砂量 q_{Bi} を求める．

$$q_{Bi} = 8.0 \times \sqrt{RgD^3} \times (\tau_i^\star - \tau_c^\star)^{3/2}$$

(5) 河床における土砂の連続式

$$\frac{\partial \eta}{\partial t} = -\frac{1}{1-\lambda} \times \frac{\partial q_B}{\partial x}$$

に基づき，時間刻み Δt の間に生じる河床高 η_i の変動量 $\Delta \eta_i$ を以下の式より求める．

$$\Delta \eta_i = -\frac{\Delta t}{1-\lambda} \times \frac{q_{Bi} - q_{Bi-1}}{\Delta x}$$

また，新たな河床高は $\eta_i + \Delta \eta_i$ のように更新される．

(6) このように河床高が変化すると，式 (2.16) の η_i および η_{i+1} が変化するため，流れ場にもその影響が現れる．そこで，再び上記の手順 **(2)** に戻っ

て流れ場を更新し，所定の時刻に到達するまで上記の計算を繰り返すことになる．

次に，このような手順に従って行われた解析の結果について説明する．まず，図 11.6 には，初期状態 $t = 0$ における計算結果をまとめて示した．なお，ここにはダム地点 ($x = 16\,(\mathrm{km})$) からその上流側 8 km の地点までの結果を表している．

図 11.6 より次のことが理解される．すなわち，初期状態においては $x = 11\,(\mathrm{km})$ より上流側において等流状態の流れが生じており，この区間では掃流砂量は一定値をとることがわかる．参考までに，この区間での無次元掃流力 $\tau^\star$ を見ると 0.3 程度であり，洪水時を想定した解析となっている．この区間ではかなりの量の土砂が移動しているもののそのバランスが保たれているために河床変動は生じない．一方，図中の地点 b より下流側のダム貯水池内では，掃流力 $\tau^\star$ が限界掃流力 $\tau_c^\star$ を下回るために，土砂移動も河床変動も生じない．両者の中間に位置する地点 a～b の区間では，下流に向かうほど掃流力ならびに掃流砂量 q_B が減少するため，図 11.6(a) に見られるように河床上昇が生じることになる．これがダム堆砂が生じるメカニズムの本質である．

次に，図 11.7 にはダム堆砂が進行していくプロセスを図化して示した．ここでは，洪水に相当する流量が 96 時間も継続するとした計算結果が示されており，実際には必ずしもこのようなことが生じるわけではない．図よりわかるとおり，堆積地形は明確なフロントを持つデルタ状のものとなる．そして，この地形は下流方向へ前進していくだけでなく，フロント背後の堆積斜面自体もゆっくりと上昇していく．一般に，ダムの上流域では，ダム堆砂の影響によって洪水時の氾濫被害の危険性が増大するとの指摘があるが，これはダム堆砂に伴う河床上昇がその上流側に及ぶためである．

11.4. 地形変動解析例   171

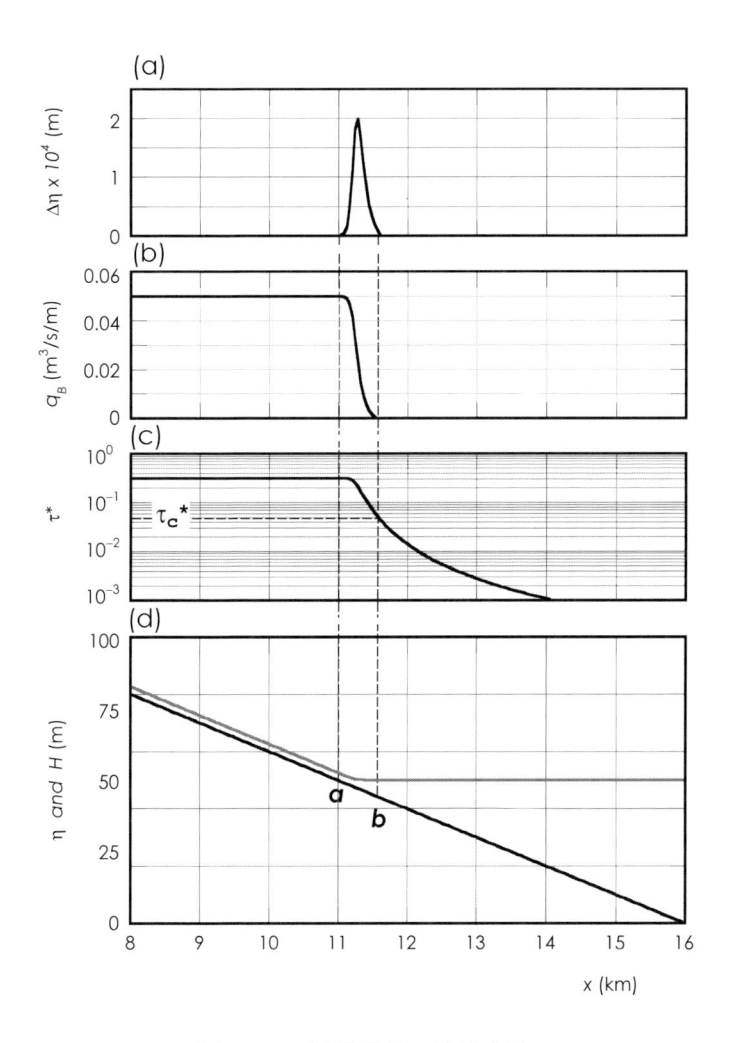

図 11.6 初期状態の解析結果

上から順に (a) 河床変動量 $\Delta \eta$, (b) 流砂量 q_B, (c) 無次元掃流力 $\tau^\star$, (d) 河床高 η と水位 H の流下方向変化

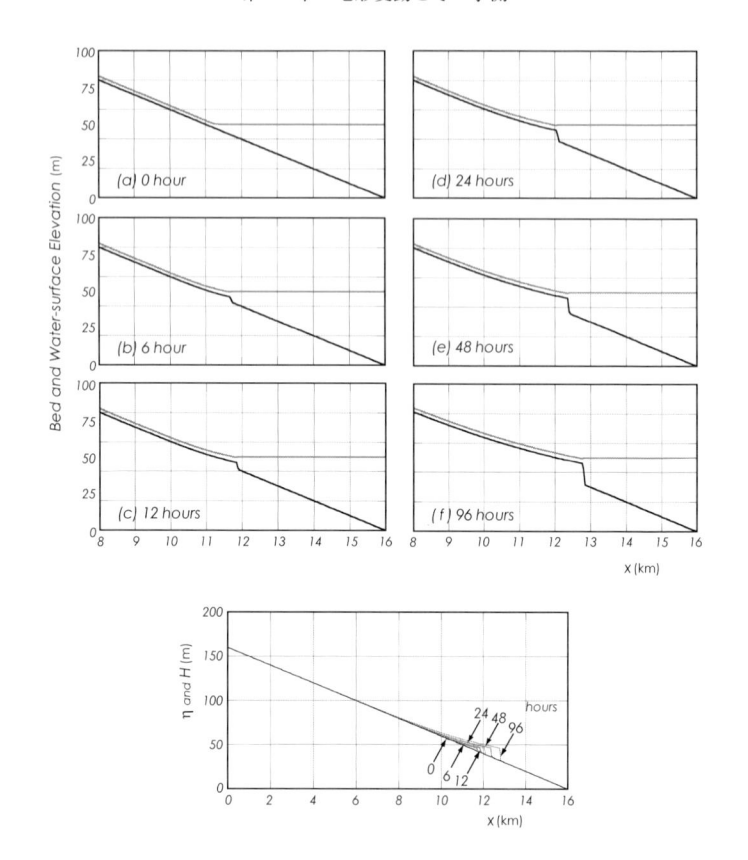

図 11.7 ダム堆砂の解析結果

上段が各時刻における河床高と水位の縦断方向分布，下段が堆砂形状の時間変化を表す．

11.4.2 蛇行河川における河床変動と土砂の分級

次に，平面二次元の解析例について見ていくことにする．ここでは，蛇行河川における河床変動と土砂の分級についての例を示し，この結果について解説を加える．ただし，ここでも土砂移動として掃流砂のみを考慮すれば十分な掃流力範囲の現象を取り扱う．

本題に入る前に，蛇行河川における河床変動に関するこれまでの知見をま

とめておくことにしよう．蛇行河川の場合には，主流速の 10% のオーダーを越える強さの螺旋流が生じていることが一つの特徴であり，河床上の土砂は主流速と合わせてこの二次流の影響を受けて移動する．湾曲部に注目すると，特に底面付近において外岸から内岸に向かう二次流が生じている．そのため，掃流砂として移動する土砂が受ける流体力もこの方向の成分を持つことになり，結果として内岸へ向かう土砂の流れが生み出される．しかも，外岸付近では主流速ならびに掃流力が大きな値となるために，流砂量も大きくなる．そこで，外岸付近の河床では土砂が内岸側に過剰に運び出されるため，河床の洗掘（深掘れ）が引き起こされる．一方，内岸側では掃流力が比較的小さく，内岸の面を通して土砂を運び出すことができないため，持ち込まれた土砂が堆積を起こす．その結果，この内岸側には固定砂州と呼ばれる地形が形成される．しかし，このような堆積・浸食が無限に続くわけではない．これは，内岸向きへの土砂の移動は重力に逆らって斜面を駆け上がっていくことになるが，河床が外岸側で深く内岸側で浅い地形へと変化するにつれて，その河床の横断勾配が増大していくからである．最終的には，二次流による抗力の成分と，斜面勾配に応じた重力成分とが釣り合った状態で河床変動は完了する．このような状態が蛇行河川における**動的安定状態**である．これについては後述する

前出の**図 3.4** には，均一粒径砂を用いた二次元河床変動解析の結果が示されている．図の下半分が水路床高の等値線図である．ここでの解析は，まず流れ場を浅水流方程式に基づいて解き，河床変動解析には式 (7.14) と以下の式 (11.26) を用い，これを式 (11.3) に代入することで η の変動について解いている．ここで，浅水流方程式に依拠した解析を行う場合には，水深平均流速 $\bar{u}$ および $\bar{v}$ を求めるものの，例えば式 (7.33) に現れる底面近傍流速 u_b および v_b を直接求めるわけではない．両者は必ずしも一致するわけではないことから，次のような関係を用いて横断方向流砂量を評価している．

$$\frac{q_{By}}{q_{Bx}} = \left(\frac{\bar{v}}{\bar{u}} - N^\star \frac{h}{r^\star}\right) - \frac{1}{\sqrt{\mu_d \mu_s}} \sqrt{\frac{\tau_c^\star}{\tau^\star}} \frac{\partial \eta}{\partial y} \tag{11.26}$$

$$\frac{1}{r^\star} = \frac{1}{(\bar{u}^2 + \bar{v}^2)^{3/2}} \left[\bar{u}\left(\bar{u}\frac{\partial \bar{v}}{\partial x} - \bar{v}\frac{\partial \bar{u}}{\partial x}\right) + \bar{v}\left(\bar{u}\frac{\partial \bar{v}}{\partial y} - \bar{v}\frac{\partial \bar{u}}{\partial y}\right)\right] \tag{11.27}$$

ここに，N^* は比例定数であり，Engelund（エンゲルンド）によれば 7.0 とされる．

次に，河床変動と土砂の分級との関係について考える．**土砂の分級**とは，河道が混合粒径砂礫からなる場合に，水流の作用によって砂礫が選択的に輸送され，河床のある区域には細粒分が，またある部分には粗粒分がそれぞれ掃き集められ，河床表層の粒度分布に空間的な偏りが生じることをいう．これを土砂のふるい分け (Sorting) と呼ぶこともある．このような分級の原因は，主として，限界掃流力 τ_c が図 **6.5**，あるいは式 (6.25) のように粒径によって微妙に変化し，同一の掃流力を超えたときにすべての粒径の砂礫が一斉に移動を開始するわけではないことにある．

それでは，蛇行河川において生じる土砂の分級について現地観測の結果を見ながら考えていくことにしよう．

図 **11.8** は，Muddy Creek という河川を対象として，Dietrich（ディートリッヒ）[4] によってなされた観測の結果である．図 **11.8** の上段には等高線を書き込んだ平面図が示されており，陰影をつけた部分において顕著な河床洗掘（これを「深掘れ」という）が生じていることがわかる．図中には観測を行った測線も描かれており，10〜26 の数字は横断面番号である．また，下段には，各々の横断面内において計測された，(a) 主流速の水深平均値，(b) 水深，(c) 河床構成材料の平均粒径，についての横断方向分布を示してある．図の横軸を表す n が横断方向座標であり，水路中心軸上に $n = 0$ をとり，左岸側を負，右岸側を正とするようにこの軸を設定してある．たとえば，断面番号 22 に着目すると，左岸側で特に顕著な深掘れが生じ，主流速もこのあたりで 80 cm/s 程度と比較的大きな値を示している．一方，右岸側では水深の浅い，緩やかな流れになっていることが見てとれる．さらに，同じ断面 22 において河床表層の平均粒径の分布を見ると，この左岸側で大きな値となり，右岸側で小さな値となるような顕著なふるい分けが生じていることが理解される．このように，河床構成材料についても流れ場と密接にかかわり合いを持ち，河床変動の進行と同時に土砂のふるい分けが進んでいく．この分級過程を数値的に再現しようとする試みが関根 [3] によってなされており，その結果は図 **11.8** に併記されている．ここで対象とする河床構成材料については，

11.4. 地形変動解析例

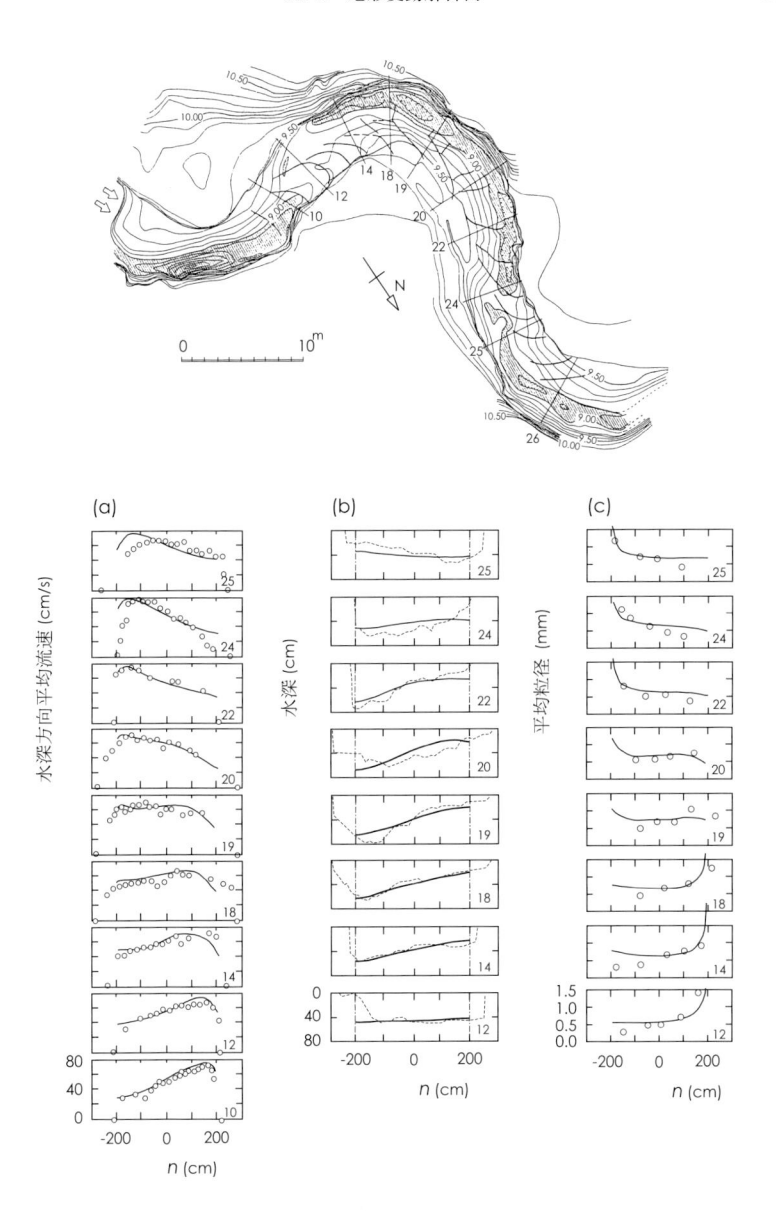

図 11.8 Muddy Creek における河床変動と土砂のふるい分け [3]
平面図は Dietrich[4] の論文より引用したものを修正

前出の図 11.2 のような粒度分布をとる．数値解析に当たって，この分布を ψ スケールに応じて五つの粒径階層 i に分割し，その各々に対して式 (11.8) を満足するように表層粒度 F_i の時間変化を計算するとともに，式 (11.10) を連立して解くことで河床高 η の変化を求めている．したがって，ここでは，$F_1 \sim F_5$ の五つに η を加えた合計 6 個の未知量に対して，$i = 1 \sim 5$ に対する土砂の連続式 (11.8) と式 (11.10) とからなる合計六つの支配方程式を解いていると理解するとよい[2]．これにより，各粒径階層ごとの体積保存の関係を満足させつつ，土砂全体の体積保存則から地形変動量を予測していくことになる．なお，数値計算の際の初期河床は，対象とする全域にわたって図 11.2 に示した粒度分布を持つ土砂からなる平坦河床とした．また，流路側方には図 11.8(b) に描かれた点線の位置に鉛直側壁があるものとして，一定幅の蛇行流路を想定した．ここでは，前出の清水の解析と同様に河岸浸食が生じないものとした．解析の詳細は元論文 [4] を参照されたい．

さて，図 11.8(a)〜(c) に実線で示した解析結果を見ると，観測結果を概ね良好に再現していることがわかる．

ところで，混合粒径砂礫で構成されている河床を，その平均粒径と等しい均一粒径河床に置き換えて，その河床変動を解析するとどのような結果になるであろうか．この点について簡単にふれておく．混合粒径の場合には，図 11.8 からもわかるとおり河床の深掘れが生じる位置では，相対的に粒径の大きな砂礫がその表面を被うように分級が進むため，次第にその洗掘は抑制される．これに対して，均一粒径の場合にはこの抑制が期待できないため，結果的に浸食される深さが過大に評価されることになる．

以上が蛇行河川における土砂のふるい分けの特徴である．このテーマに関しては，ここで紹介した以外に芦田・江頭・劉 [5] の研究がある．このように解析例は多くないものの，混合粒径砂礫が引き起こす特徴的な現象である「土砂のふるい分け」についても，本章で説明してきた考え方に従って数値的に再現することが可能である．

このほか，蛇行河川に関しては，後述する河道の自律形成機能とも密接に

---

[2] 式 (11.8)，(11.10) では交換層の厚さ L_a も未知量となる．しかし，L_a の値を前述のとおり D_{90} の 3 倍にとることにするならば，F_i の値が定まれば L_a はそれに応じて一つに決まってくることになる．

関わる河道の**自由蛇行**の問題がある．たとえば，実験水路内に土砂を敷き詰め，その一部を開削することで側岸浸食が可能な移動床直線流路をつくり，そこに交互砂州が形成されるような水理条件で水を流す．この場合には，時間の経過とともに交互砂州 (たとえば**図 10.3(a)** 参照) が成長・発達し，やがてはその水衝部付近で側岸浸食が誘起されるようになる．そして，さらに長時間にわたって通水を続けると，流路自体が蛇行するようになる．これが自由蛇行と呼ばれる現象である．これについても数値的に概ね再現できるようになってきている [6], [7].

11.4.3 網状流路の形成過程の解析

第 10 章で説明したように，直線あるいは蛇行流路以外に網状流路と呼ばれる平面形状を持つ河道がある．網状流路の流れのパターンについては，前出の**図 10.3(c)** の斐伊川の写真を見ることで概ね理解することができよう．なお，蛇行流路が交互砂州の形成と密接な関わりを持つのと同様に，この網状流路は複列砂州の形成との関わりが強い．

ここでは，流路変動の解析の一例として，この網状流路がどのように形成され，その際に河岸の浸食がどのように引き起こされるのかを理解するために行われた数値シミュレーションの結果を紹介する [2]．このような変動を数値模擬する場合には，その計算途上に安息角を超えるような急斜面が至るところで現れるため，前出の斜面崩落モデルの考え方をとり入れることが必要となる．ここで説明する解析では，左右の側岸が一定角度で傾斜している台形状の横断面形状を有する直線水路に一定流量の水を流すものとし，流れ場の予測とあわせて，水路床の変動ならびに側岸の浸食などを数値的に解析するものとした．ただし，流路構成材料は均一粒径砂とし，土砂のふるい分けの影響についてはここでは取り扱わない．この解析の詳細については，原論文 [2] を参照されたい．

網状流路の形成過程に関する数値解析の主な条件を以下にまとめて示す．

流量 $Q = 4 \times 10^{-3} (\mathrm{m^3/s})$，初期水路勾配 $i_0 = 1/50$,

側岸の横断勾配 $1/2$，流路構成材料の粒径 $D = 1.05\,(\mathrm{mm})$

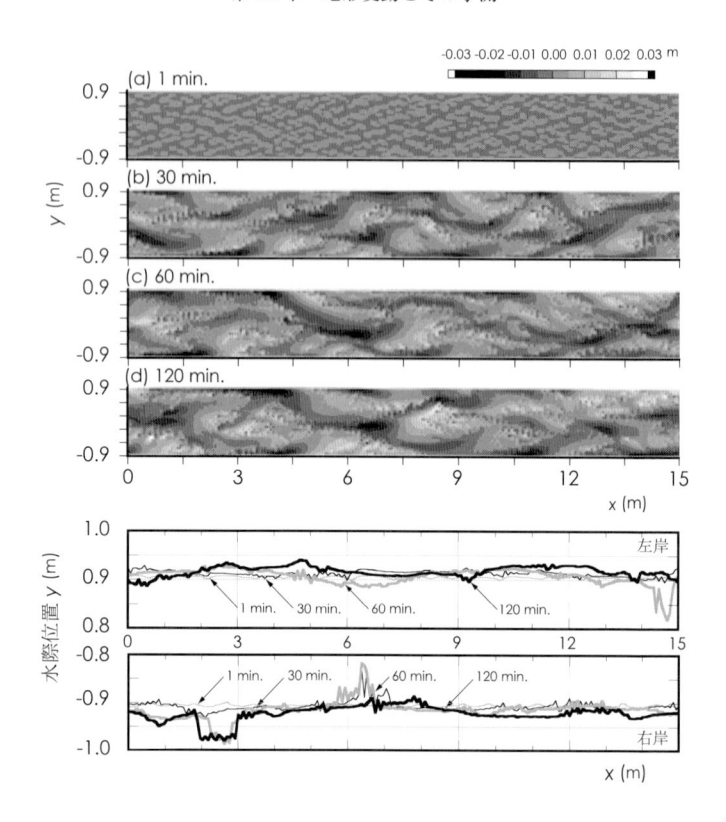

図 11.9 網状流路の形成過程に関する数値解析結果 [2]

初期水際位置は $\pm 0.9\,(\mathrm{m})$ であり，上段の図はこの範囲内の水路床高の等値線図の時間変化を表す．また，下段の図に描かれた線は各時刻における左右両岸の水際の位置を表す．

図 11.9 にはその計算結果をまとめて示した．図の上段の 4 枚は，水路床高の等値線図を時間ごとに描いたものである．ここには初期の水際位置で挟まれた $-9\,(\mathrm{m}) \leq y \leq 9\,(\mathrm{m})$ に相当する範囲における水路床高の等値線図の変化を示してある．一方，図の下段には，各々の時刻における左右両岸の水際位置がどのように変化したかをまとめてある．図中の黒い部分ほど河床が低いことを表し，主としてこの部分に水が流れていると考えるとわかりやすい．この図より，通水開始後 1 分程度で複列砂州と思われる微地形が形成さ

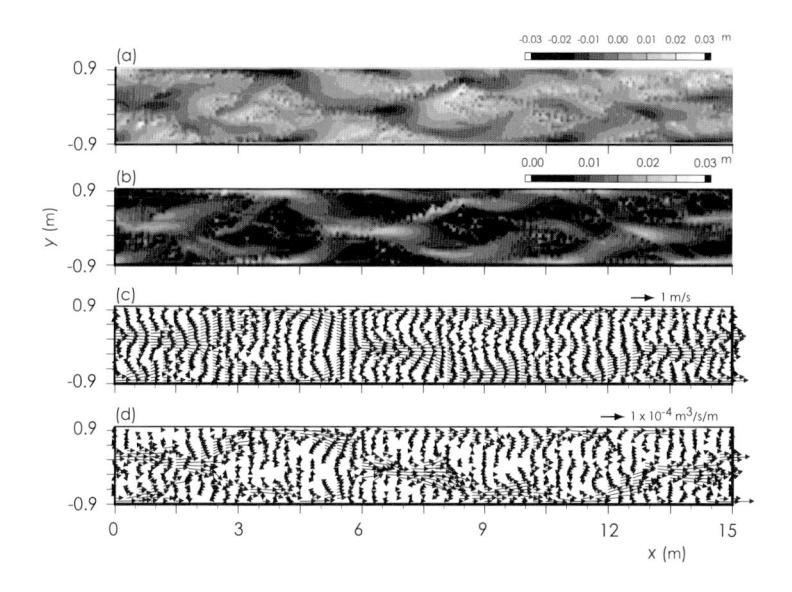

図 11.10 網状流路の流況に関する数値解析結果 [2]

(a) 水路床高の等値線図, (b) 水深の等値線図, (c) 流速ベクトル,(d) 掃流砂量ベクトル (120 min.)

れることがわかる.さらに,時間が経過するとこの微地形は変形し,次第に規模の大きな流路へと成長していく.そして最終的には網状のパターンを描くようになることが見てとれる.さらに,上段と下段の図を見比べることにより,流路が側岸にぶつかるように伸びている位置付近で顕著な側岸浸食が生じていることがわかる.この側岸浸食が生じる位置は極めて不規則に現れるため,ある時刻の流路の状態がわかったとしても,その後の浸食位置を推定することは不可能に近い.この点は,側岸浸食が生じる位置が湾曲部外岸付近に限定できる蛇行河川とは対照的である.また,**図 11.10** には,通水開始から 120 分経過した後の解析結果をまとめてある.上から順に (a) 水路床高の等値線図, (b) 水深の等値線図, (c) 流速ベクトル図, (d) 流砂量ベクトル図,である.網状流路の形成・発達過程はこのようにカオス的である.そのため,このような変動を予測することはできても,厳密に実際の流路位置

を言い当てることはそれほど容易なことではない.

11.5　新たな解析手法による地形変動解析の試み

　前節までに説明したきた考え方は，従来より行われてきた地形変動解析の根幹をなすものであり，これまでの解析のほとんどがこうした考え方に基づいていた．しかし，従来の解析の問題点は，平衡状態を対象として導かれた流砂量関数を適用して流砂量を評価していることにあり，各地点における掃流力 $\tau^\star$ に見合った量の土砂が輸送されるとしているため，流れが加速している地点であるか，あるいは減速している地点であるかによらず，$\tau^\star$ が等しければ同じ量の土砂が移動するものとして取り扱っている．そこで，構造物周辺で生じる局所洗掘など，非平衡性の強い流れ場における地形変動を取り扱う場合には，その予測精度に限界があると言わざるを得ない．このような問題を解消していくためのひとつの試みとして，第7章で説明した砂礫の運動の追跡を基礎とした解析方法が考案されている [9, 10]．本節では，流砂量関数に依拠しない新たな数値解析手法について紹介する[3]．水流中を移動する土砂粒子の軌跡は，その移動中に水流からどのような流体力を受けたかという履歴の産物と言うことができる．このような運動の軌跡は，流れ場が明らかであれば土砂粒子の質点系の運動方程式 (5.19) を数値的に解くことにより計算可能である．たとえば前掲の**図 7.1** はこのように計算した結果である．ここで説明する新たな解析では，河床面を構成する全粒子に対して，その個々の運動をひとつずつ追跡することを基本とする．**図 11.11** は，この解析方法の主要な流れをまとめたものである．土砂粒子の運動とは，個々の粒子の河床からの離脱に始まり，河床を構成する粒子や他の移動粒子との間の衝突を経て，再び河床に停止するまでの一連のものを指す．そして，この追跡の結果，図中に★で示した段階において河床高の変動が生じることになる．すなわち，

- 河床上のある地点で粒子が動き出すことになれば，その地点の河床は

---

　[3]この方法は，これまでの解析に比べてはるかに長い計算時間を要する．そこで実用的な観点から言えば，今よりはるかに高い演算速度を有するコンピュータが必要となる．ただし，コンピュータの性能が急速に向上している昨今では，そう遠からずここで説明するような手法による予測計算が可能になってくるものと考える．そこで，この手法について簡単に説明し，今後に向けた可能性について紹介しておく．

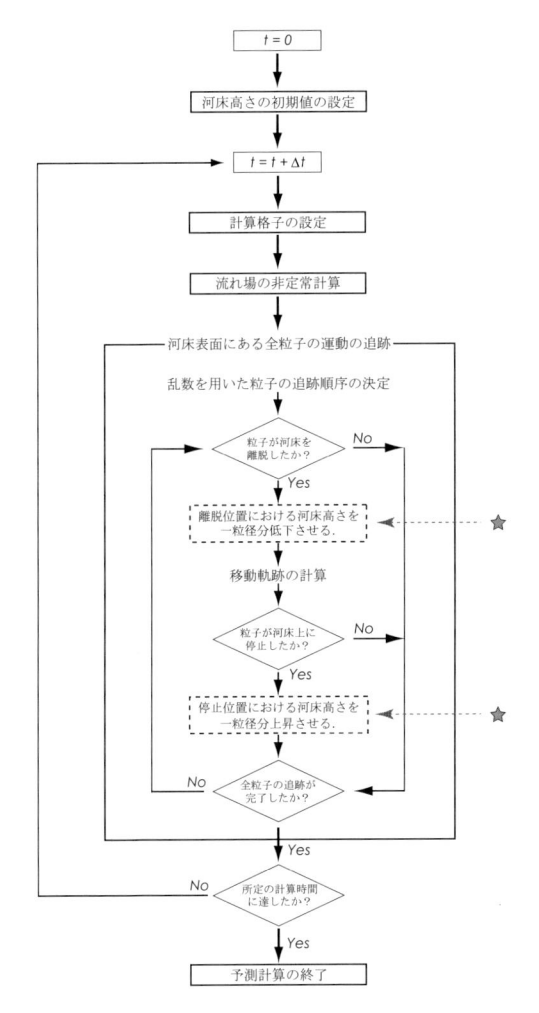

11.5. 新たな解析手法による地形変動解析の試み

図 11.11 解析のフローチャート

粒径一個分低下する．

- 移動粒子が河床上に停止すれば，その地点の河床は一粒径分上昇する．

そもそもこれが地形変動の本質であり，個々の土砂粒子の運動が追跡可能であるならば，それに基づいて地形変動も予測できることになる．これがこの解析の基本原理である．この解析方法の骨格は，(1) 粒子運動の解析，(2) 流

れ場の解析，(3)河床形状の変化に伴う計算格子の更新，からなる．以下，各解析方法について順に説明する．

　まず，この土砂粒子の運動に関しては質点系の運動方程式を数値解法することにより求めることができる．ただし，着目粒子が移動するにつれて，河床表面の粒子や，移動している他の粒子との間で接触を引き起こすようになる．このような接触は，力学的には粒子間の非弾性衝突と考えることができる．これについては運動量保存の関係に基づいて処理し，その後の移動を追跡することになる．また，移動粒子はやがて河床上に停止することになるが，これに関しては，粒子運動のビデオ解析の結果などから次のような事象が生じているものと理解された．すなわち，隣り合う河床粒子間には局所的に凹部が形成されており，ここに移動粒子が入り込むと，この河床粒子間で連続的に非弾性衝突を繰り返し，エネルギーを失うことにより，そこから抜け出すことができなくなる．粒子の河床への停止は，基本的にはこのような過程を経て実現するものと考える．このような非弾性衝突や移動粒子の停止の判断を下し，その処理を行うことは力学的に難しいことではない[4]．

　次に，河床面上の流れ場の解析について説明する．すなわち，対象とする流れ場全体を計算格子網で覆い尽くし，格子点上の流速成分を求める．ここまでは，前節で説明した従来の地形変動計算法と同様である．しかし，移動粒子がこの格子点上に存在するとは限らないため，各時刻における粒子位置に応じた作用流速を定めなければならない．そこで，粒子が存在する計算格子を見出し，その内部で流速値の補間を行い，粒子に作用する流速成分を評価することになる[5]．この計算格子に関しては，河床形状が変化すればそれに伴って作りかえる必要があるため，流れ場の計算もその都度異なる計算格子に対して行うことになる．

　それでは，この手法による解析結果の一例を紹介する．ここでは，第10章で

---

[4] 詳しくはこれを論じた論文 [8, 10] を参考されたい．なお，このような土砂粒子の取り扱いとは別に，個別要素法と呼ばれる数値解析法が提案されており，これに依拠した解析も試みられている．この解析は，粒子間の接触をバネやダッシュポットなどによって処理するものであり，その是非に関しては議論のあるところである．

[5] 図 **11.12** に示す解析の場合には，一般座標系表示の運動方程式を解くことにし，流下方向のみならず河床面と水面との間もそれぞれ均等な大きさの計算格子に区切って考えた．また，上下流端には周期境界条件を設定した．詳細は元論文 [10] を参照されたい．

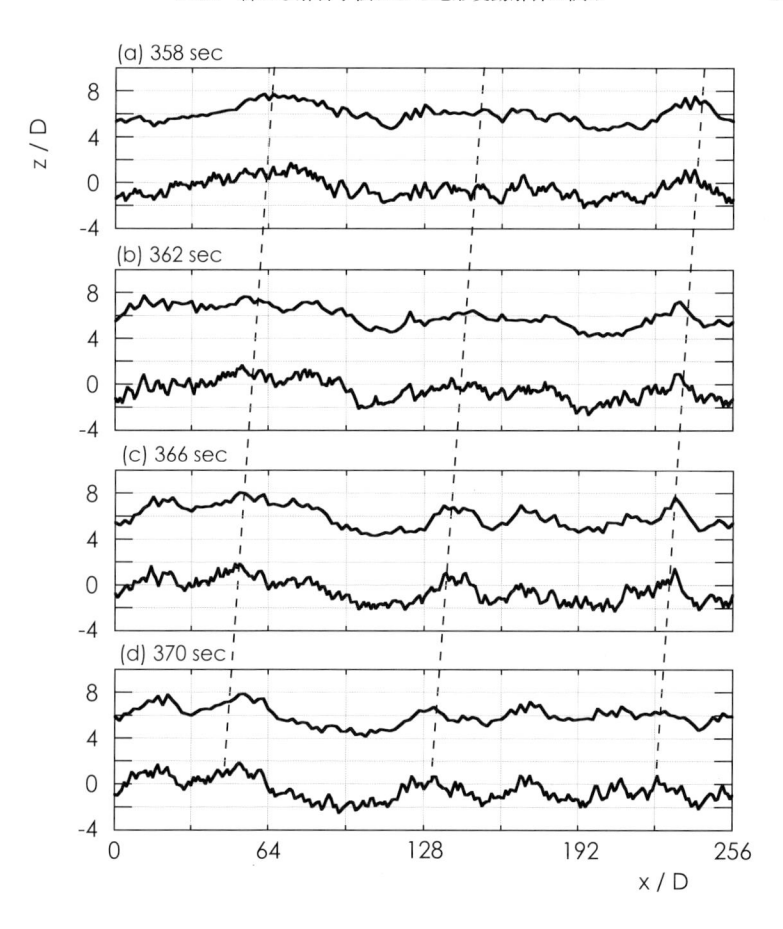

11.5. 新たな解析手法による地形変動解析の試み

図 11.12 河床波 (反砂堆) の形成過程シミュレーション [10]：各々の図は，初期状態とした平坦な河床から左上の時間だけ経過した後の河床ならびに水面の形状を表している．図中の波線は河床波の移動パターンを理解する上での補助線である．

解説した河床波の形成過程を取り上げる．ここでは，反砂堆が形成されることが確認された実験の条件に合わせて行われた数値解析の結果を紹介することとし，その条件を以下に示す．初期状態における水路床は，粒径 $D = 5.0\,(\mathrm{mm})$ の礫で構成され，その勾配を $i_o = 1/50$ とする．また，単位幅流量を $q =$

$160\,(\mathrm{cm^3/s/cm})$ とする．このとき，無次元掃流力は $\tau^\star = 0.07$，フルード数は $F_r = 1.1$ となる．ここでは，計算の簡略化のため鉛直二次元の現象を取り扱うものとし，流下方向には粒径の 256 倍の解析領域をとっている．初期河床としては，一様に傾いた平坦床上に最大でも粒径程度の凹凸を重ね合わせた「ランダム河床[6]」とした．図 11.12 に解析結果をまとめて示す．ここには，河床ならびに水面の形状が 4 秒毎に描かれており，図の上から下の順に時間が経過するようになっている．この図より，ここに形成された河床波は上流に向かって移動する反砂堆であることがわかるほか，その波長ならびに波高は実測値と概ね一致することが確認されている．

これとは別に，砂堆の形成条件下での数値解析も試みており，その結果が概ね妥当なものであることも確かめている [9]．以上のことは本解析手法の有効性を示唆するものと考えている．

参考文献

[1] 長谷川和義:非平衡性を考慮した側岸侵食量式に関する研究, 土木学会論文報告集，第 316 号，37-50，1981．
[2] 関根正人：斜面崩落モデルを用いた網状流路の形成過程シミュレーション，水工学論文集，第 47 巻，637-642，2003．
[3] 関根正人：蛇行河川における土砂のふるい分けに関する研究, 土木学会論文集, No.467/II-23, 29-36, 1993．
[4] Dietrich, W. E. and Smith, J. D.：Bedload Transport in a River Meander, Water Resources Research, AGU, Vol.20, No.10, 1355-1380, 1984.
[5] 芦田和男，江頭進治，劉 炳義，梅本正樹：蛇行流路における Sorting 現象と平行河床形状に関する研究，京都大学防災研究所年報，第 33 号 B-2，261-279，1990．
[6] 清水康行，平野道夫，渡邊康玄：河岸侵食と自由蛇行の数値計算，水工学論文集，第 40 巻，921-926，1996．
[7] 長田信寿，細田 尚，村本嘉雄，Md. Munsur Rahman：移動一般座標系による側岸侵食を伴う河道変動の数値解析，水工学論文集，第 40 巻，927-932，1996．
[8] Sekine, M. and Kikkawa, H.：Mechanics of saltating grains, Journal of Hydraulic Engineering, ASCE, Vol.118, No.4, 536-558, 1992.
[9] 関根正人：土砂粒子の運動の解析を基礎とした河床波の形成過程シミュレーションの試み，土木学会論文集，No.691/II-57，85-92，2001．
[10] 関根正人：砂礫の運動解析を基礎とした河床波形成過程シミュレーション，水工学論文集，第 49 巻，973-978，2005．

---

[6]粒径の 1/3 の値を標準偏差とする正規乱数を用いて，平坦床上に微小擾乱を与えた．

第12章

植生水理学

12.1 概説

　前章までは，移動床水理学とそれを基礎として理解される河道の動力学的挙動について考えてきた．そして，水の流れ，土砂移動および河川地形変化，という三つの素過程の間の相互作用系がどのように成り立っているかについて説明してきた．これにより，河川技術者として必要な情報，すなわち，河道内の流れがどのようになっているか，流れに対して河道はどのように応答するのか，また，それをどの程度予測できるか，について，その概要は理解できたのではないかと期待している．しかし，近年，河道計画を立てるに当たって環境に対する配慮が不可欠となり，上記の相互作用系の中だけで河道を論じることができなくなった．まず最初に，建設省土木研究所 (現，国土交通省国土技術政策総合研究所) によって涸沼川において調査された植生の繁茂状況について見てみよう．図 12.1 がその結果であり，低水路河岸に沿って植生が繁茂しているほか，高水敷にも背丈の異なる各種の植生が群生していることが見てとれる．そこで，こうした植生が繁茂している河川の場合には，前章までに説明してきた河道の変動システムに植生の影響を加味することが必要になってくることは言うまでもない．

　植生が存在していることを前提とした河川水理学の枠組みを整理すると，図 12.2 のようになる．そもそも河道内の植生は，洪水時に抵抗として作用

第 12 章 植生水理学

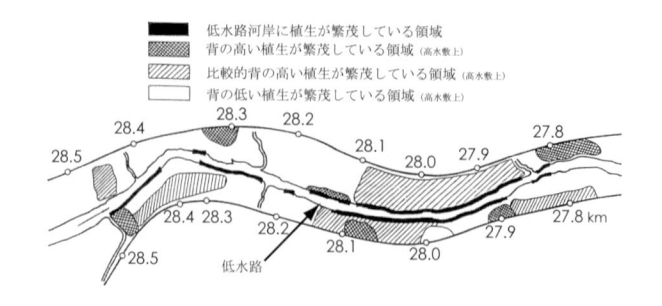

図 12.1 涸沼川で観測された植生の繁茂状況 [1]
図中の数値は河口からの距離を表す．

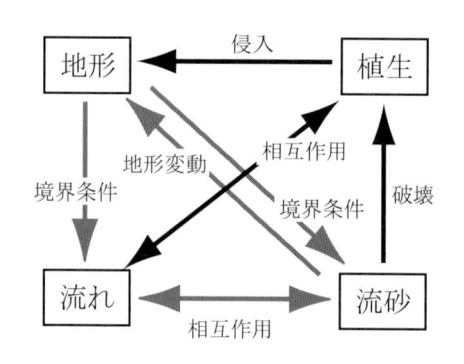

図 12.2 河川水理学の新たな枠組み

し水位を増大させる．一方，植生が群生する区域では，流速が低減させられ，結果として例えば浮遊土砂の堆積が促進される．このように，植生の成長あるいは侵入に伴って，(a) 流れ場，ならびに，(b) 流砂系が変化し，最終的には，(c) 河川地形まで異なった姿を目指して変動していくことになる．そこで，本章では，植生が河道の変動システムに与える影響について説明することにしよう．なお，ここでの説明に当たっては，水面下に没してその上にも流れが現れるような植生のあり方を「水没型」と呼び，例えば芝などがこれに当たるものとする．一方，ヨシやヤナギのような草木を「非水没型」と呼び，両者を区別する．

12.2 植生の流速低減効果

12.2.1 低水路河岸に繁茂する非水没型植生の効果

ここでは，ヨシやヤナギのような非水没型の植生群落(樹木群とも呼ぶ)が，例えば低水路河岸に繁茂している場合を想定して，植生が流れ場に与える影響について説明する．まず，**図 12.3** には，実河川で洪水時に計測された表面流速の横断方向分布を示してある．図の下方には河道の横断面図と併せて樹木群の位置を模式的に示してある．この図より，樹木群が存在する区域で流速が著しく低下していることが見てとれる．これが，植生による「流速低減効果」と呼ばれる機能である．

次に，池田・泉 [3] による研究成果について見ていくことにする．池田らは，長方形断面平坦床水路の右側に植生群落模型を連続的に設置して実験を行っており，流れ場が平衡状態にあると判断される断面において流速分布や浮遊砂の濃度分布を計測している．なお，浮遊砂に関しては，堆積が生じないように留意しながら土砂が投入されており，その濃度を計測したものである．**図 12.4** 中の○印がその結果であり，上段が水深方向に平均化された主流速 $\bar{u}$ の横断方向分布，下段が浮遊砂濃度の水深方向積分値 ζ の横断方向分布を表す．図の横軸の $y \geq 0$ の区域に模擬植生が配置されている．さらに，池田らはこのような流れ場に関する摂動解を導いており，その結果が同図中に曲線で示されている．解析の詳細に関しては元論文 [3] を参照されたい．この図からも植生帯内で流速が大きく低減されていることがわかる．なお，浮遊砂の濃度についても同様のことがいえる．また，この流速分布を見ると，植

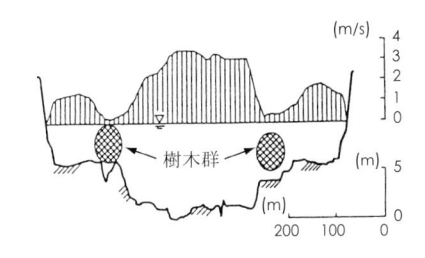

図 12.3 樹木群を持つ河川で実測された表面流速分布 [2]

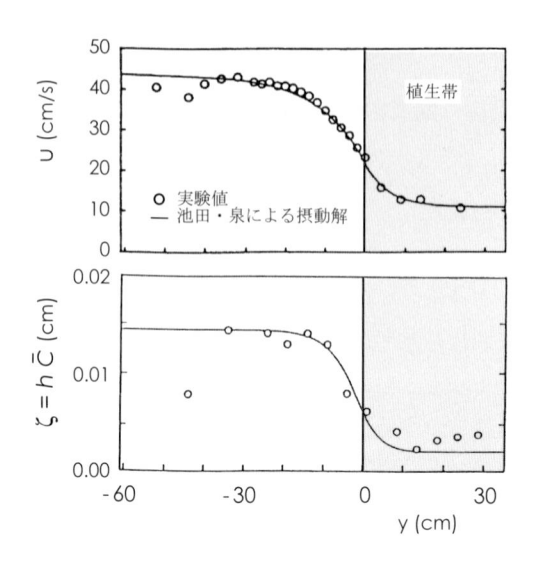

図 12.4 植生群落を有する流れの解析結果 [3]
主流速の水深平均値 $\bar{u}$ (上段) と浮遊砂濃度の水深方向積分値 ζ の横断方向分布

生帯と非植生域の境界である $y = 0$ 付近に分布の変曲点が現れていることが理解されよう．流体力学的に見ると，流速分布がこのように変曲点をとるような流れでは，この変曲点付近で不安定が生じ，規模の比較的大きな渦が生み出され，活発な乱流混合が行われることが知られている．このことは，第 8 章で説明した浮遊土砂の輸送に目を向けると，植生域と非植生域の境界において活発な乱流混合が生じる結果，比較的高濃度の非植生域から低濃度の植生域に向って顕著な土砂の拡散が引き起こされることを意味する．これが後述する植生域への土砂の捕捉効果の一つである．

12.2.2 水没型植生の効果

これまでに整備されてきた多くの河川堤防の表法面 (川に面した側の堤防斜面) を見ると，洪水時に堤防が浸食を受けることがないように，コンクリート・ブロックなどが設置されている．これは河川構造物の一つであり，「護岸工」と呼ばれている．近年この護岸に新しい試みがなされつつある．すなわ

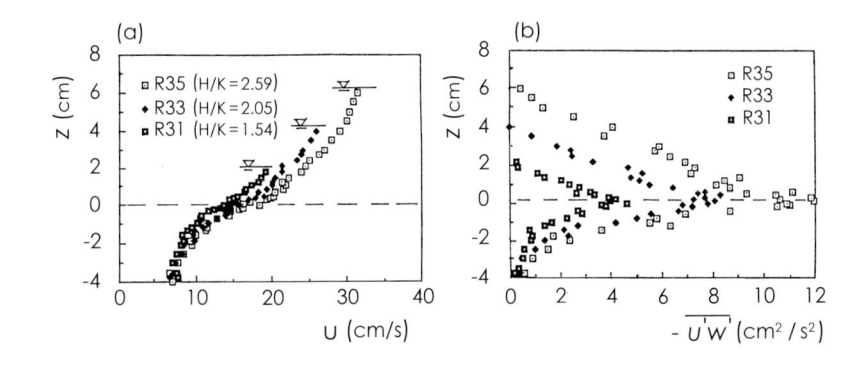

図 12.5 水没型植生上の流れ [4]
(a) 平均流速，(b) レイノルズ応力の水深方向分布

ち，芝生などの天然の素材によって浸食防止効果を発揮させようとするものである．ここでは，芝生のような「水没型植生」が持つ水理学的機能について見ていくことにする．

図 12.5 には，清水 [4] によって実験水路内で計測された模擬植生上の流速分布の一例を示した．図の縦軸の原点 $z=0$ が模擬植生層の上端を表す．この模擬植生は，ナイロン樹脂製で，$z=-4.1\,(\mathrm{cm})$ の位置におかれたアクリル樹脂板に埋め込まれるように設置されている．図中の変数 k は植生高 $(=4.1\,(\mathrm{cm}))$ であり，H はアクリル樹脂板の上面から測った水深を表している．**図 12.5(a)** に示した平均流速分布から，次のことがわかる．(a) 植生層内では左に凸の流速分布となる，(b) 底面付近では速度勾配 $\partial u/\partial z$ がほぼ 0 となり，底面せん断力は 0 もしくは極めて小さな値となる，(c) 植生層上端から水面にかけての領域では通常の流れと同様に右に凸の流速分布となり，植生層の上端付近に分布曲線の変曲点が現れる．この変曲点の存在に関しては，**図 12.4** の植生域と非植生域の境界付近で同様のことが認められており，同じメカニズムが働くものと考えられる．一方，レイノルズ応力の分布である **図 12.5(b)** より，(a) 植生の上端付近で大きな乱れが生成されるため，レイノルズ応力が極大値をとっている，(b) 植生層内でもレイノルズ応力は 0 にはならず，この層の上端に当たる面を境にして活発に運動量交換が行われて

いることが示唆される，ことなどがわかる．平均流速の分布曲線が変曲点をとる位置付近でせん断不安定が生じ，顕著な乱れが生成されることについては既に述べたが，図 12.5 よりこのことが明確な形で示されたことになる．

いま，このアクリル板を土砂層の上面に置き換え，堤防法面に芝生を張った場合を想定すると，この結果は，植生がない場合に比べて植生がある場合には，土砂層上面付近の流速と土砂移動に寄与する掃流力とが，著しく低下することを意味する．また同時に，植生は成長に伴ってその毛根が成長し，土砂層の表面下にネットワークを構成するため，これがない場合に比べて土砂層の浸食は起こりにくくなる．このように植生には，その茎や葉によって流速を低減させる効果があるとともに，毛根によって表面下の土砂の浸食を抑える効果も期待できる．このことは，芝生などの植生によって堤防の耐浸食性を向上させ，植生による護岸が実現可能であることを示唆している．さらに，一関遊水池における現地実験 [5] や，渡良瀬川において試験的に設置された芝生護岸に対して行われた計測によって，このことが実際に確認されることになった．ただし，天然材料であるためその維持管理が必要であり，芝生で被われた区域の一部が別の植生にとって代わられたり，モグラによって穴が開けられるようなことがあれば，そこが弱点箇所となって，浸食が広い範囲に及んでしまう恐れがある．

12.3 植生による土砂の捕捉機能

植生によって流速が低減されると，河道にはどのような変化が現れるであろうか．流速が低減される植生群落内では，掃流力が低下し，その値が限界掃流力以下になることがある．掃流砂として植生群落内に運び込まれた土砂に関しては，一度堆積した後に再浸食されてそのすべて運び去られるということはあまり考えられない．さらに，浮遊砂やウォッシュロードに目を向けると，比較的高濃度で微細土砂が運ばれる状況下では，非植生域と植生域とでは濃度差が大きくなるため，両区域の境界面を挟んで大きな濃度勾配が生じることになる．そのため，前節で簡単に説明したように，非植生域から植生域内に向けて拡散による土砂輸送が引き起こされ，結果として植生の根本

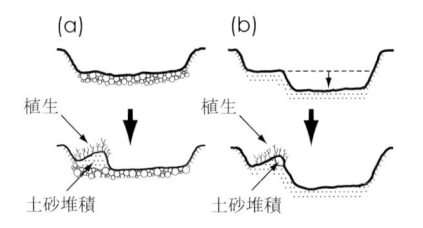

図 12.6　川幅縮小のパターン [6]

付近に多量の微細土砂が堆積することになる．洪水後に実河川の高水敷を詳しく調べてみると，このような例を多く見ることができるほか，河岸付近にテラス状の地形が形成・発達している場合もある．

　次章では，河川の自律形成機能について説明するが，人為的な働きかけによって川幅を広げられた河川が，数十年の時間を経て元の川幅に近い河道状態へと回帰したと判断される調査結果がある．この際に起こるプロセスとして有力と考えられているのが，低水路河岸付近への細粒土砂の堆積である．次章でその詳細を説明するが，藤田ら [6] により提示された川幅縮小のパターンを図 12.6 に示す．この図にも示されているように，一度細粒土砂が河岸に堆積して微地形が形成されるとこの上に植生が繁茂し，この植生が更なる土砂の堆積を促進するため，この微地形がより規模の大きな地形へと成長していく可能性がある．このように，河川地形の変動に及ぼす植生の影響は顕著である．また，これまであまり気に留められずにきたウォッシュロードがこのような地形変動にかなりの影響を及ぼすこともあわせて理解されるようになった．今後は，植生が持つこのような水理学的な効果をよく理解し，これを工学的に十分に活用することで，自然の機能を生かした川づくりが行われるものと考える．

設問

　長方形断面を持つ直線水路の側岸付近に植生が群落状に繁茂している場合を想定して，その流速場を解くことを考えたい．概念図を図 12.7 に示す．ここでは，流れの状態が流下方向に変化しない平衡状態にあるものとする．そ

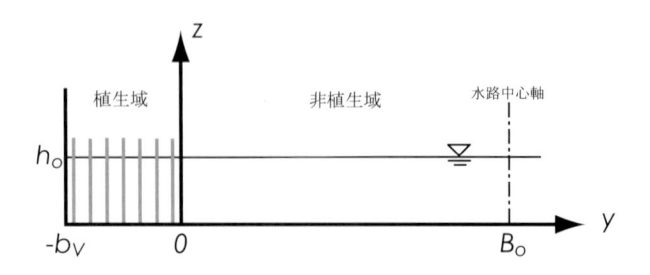

図 12.7 概念図

のため，流速や水深に関する x 軸方向 (流れ方向) への微分量はすべて 0 であるとする．水深については近似的に横断方向にも変化しないものとして，これを h_o とする．解析に当たっては，前出の浅水流方程式に依拠し，水深方向に平均化された流速 u(ここでは ¯ を省略して表記) の横断方向分布を評価するものとする．

(1) 直径 d の円柱を模擬植生とし，これが流れ方向ならびに横断方向に間隔 s だけ離れた位置に存在するものとする．このとき，$\lambda = d/s^2$ で表される λ のことを植生密度と呼ぶ．この植生密度が大きいほど植生が密に繁茂していることは言うまでもない．さて，このような植生には抗力が働くことになるが，これが流れにとっては抵抗力になる．流れが植生の存在によって河床単位面積当たりに受ける抵抗力 (すなわち抗力) f_D は以下のようになる．

$$f_D = \left[\frac{1}{2} \rho C_D (h_o d) u^2\right] \times \frac{1}{s^2} = \frac{\rho}{2} \lambda C_D h_o u^2 \qquad (12.1)$$

ここに，C_D は抗力係数である．この式について確認しなさい．

(2) 植生がない場合の流れの支配方程式は，式 (1.34) より次のように書き表される．

$$0 = g i_o - \frac{C_f}{h_o} u^2 + \frac{\partial}{\partial y}\left(\nu_t \frac{\partial u}{\partial y}\right) \qquad (12.2)$$

一方，植生域では，式 (12.1) で表されるような付加的な抵抗力が作用

するため，その支配方程式は次のようになる．

$$0 = g\, i_o - \left(\frac{C_f}{h_o} + \frac{\lambda C_D}{2}\right) u^2 + \frac{\partial}{\partial y}\left(\nu_t \frac{\partial u}{\partial y}\right) \tag{12.3}$$

いま，式 (1.5) のように乱流拡散係数 ν_t を $\nu_t = \alpha u^\star h_o = \alpha h_o \sqrt{C_f}\, u$ と定義することにしよう．このとき，式 (12.2) および式 (12.3) は u^2 についての線形常微分方程式となる．この式を示しなさい．

(3) 流速 u を図 **12.7** の水路中心軸 $y = B_o$ 上での値 u_o で除した無次元流速を $\hat{u}$ と定義し，その二乗値 $\hat{u}^2$ を改めて ϕ と定義する．また，横断方向座標 y を水深 h_o で除した無次元座標を $\hat{y}$ とする．すなわち，

$$\hat{u} = \frac{u}{u_o}, \quad \phi = \hat{u}_o^2; \quad \hat{y} = \frac{y}{h_o} \tag{12.4}$$

このとき，**(2)** で誘導された二つの支配方程式は，ϕ に関する無次元方程式としてどのように書き換えられるか．

(4) **(3)** で導かれた二つの常微分方程式を解析的に解くことは容易である．いずれの式も，基本的には a および b を定数とした次のような常微分方程式

$$\frac{d^2 y}{dx^2} - a\, y + b = 0 \tag{12.5}$$

になっており，その解は C_1 および C_2 を積分定数として次のようになる．

$$y = C_1 e^{\sqrt{a}\, x} + C_2 e^{-\sqrt{a}\, x} + \frac{b}{a} \tag{12.6}$$

このことを踏まえて，**(3)** で導いた支配方程式の解を求めなさい．以下，植生域内の解を ϕ_{in}，非植生域の解を ϕ_{out} と分けて表記することにする．ここでは，植生帯内の関係式中の積分定数を C_{1i} および C_{2i}，植生帯の外側での値を C_{1o} および C_{2o} とする．

(5) 積分定数を定めるに当たって，次のような境界条件を用いる．すなわち，側壁上で $u = 0$，水路中心軸上で $u = u_o$ であるとするほか，植生帯の外縁 $y = 0$ において流速ならびに流速の y 方向微分がそれぞれ連

続するものとする．

$$
\begin{aligned}
\phi_{\text{in}} &= 0 & \text{at} \quad \hat{y} &= -b_v/h_o \equiv \hat{y}^- \\
\phi_{\text{out}} &= 1 & \text{at} \quad \hat{y} &= B_o/h_o \equiv \hat{y}^+ \\
\phi_{\text{in}} &= \phi_{\text{out}} & \text{at} \quad \hat{y} &= 0 \\
\dot{\phi}_{\text{in}} &= \dot{\phi}_{\text{out}} & \text{at} \quad \hat{y} &= 0
\end{aligned}
\quad (12.7)
$$

このとき，(4) で導いた解に含まれる積分定数はどのように表されるか．

(6) 最後に，各変数を以下に示すとおりとして，$\hat{u}$ と $\hat{y}$ との関係を計算し，これを図示しなさい．

$$
\begin{aligned}
&B_o = 0.60 \,(\text{m}),\; b_v = 0.36 \,(\text{m}),\; h_o = 0.06 \,(\text{m}) \\
&i_o = 1.61 \times 10^{-3},\; C_f = 0.01,\; \lambda = 2.0,\; C_D = 2.0,\; \alpha = 0.23
\end{aligned}
\quad (12.8)
$$

解説

無次元化された支配方程式は，式変形を経て次のようになる．まず，植生域に対しては次の式が成り立つ．

$$
\frac{d^2 \phi}{d\hat{y}^2} - \frac{2}{\alpha \sqrt{C_f}} \left(C_f + \frac{\lambda C_D h_o}{2} \right) \phi + \frac{2}{\alpha \sqrt{C_f}} \frac{g\, h_o\, i_o}{u_o^2} = 0 \quad (12.9)
$$

また，非植生域に対しては次の式が成り立つ．

$$
\frac{d^2 \phi}{d\hat{y}^2} - \frac{2}{\alpha \sqrt{C_f}} C_f \phi + \frac{2}{\alpha \sqrt{C_f}} \frac{g\, h_o\, i_o}{u_o^2} = 0 \quad (12.10)
$$

これらの支配方程式が式 (12.5) の式形をとっていることが確認できる．そこで，これらの解を式 (12.6) を参考に求めることにする．その際，以下のような変数を定義し，これらを用いることで解を簡潔に示すことにする．

$$
a_i = \left(C_f + \frac{\lambda C_D h_o}{2} \right) \frac{2}{\alpha \sqrt{C_f}}, \quad a_o = \frac{2\sqrt{C_f}}{\alpha}, \quad K_i = \left(1 + \frac{\lambda C_D h_o}{2 C_f} \right)^{-1}
\quad (12.11)
$$

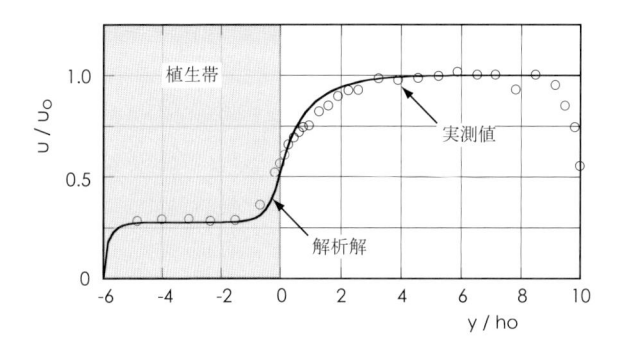

12.3. 植生による土砂の捕捉機能

図 12.8 解析結果

式 (12.9) および式 (12.10) の解は次のように書き表される.

$$\phi_{\text{in}} = C_{1i}\, e^{\sqrt{a_i}\,\hat{y}} + C_{2i}\, e^{-\sqrt{a_i}\,\hat{y}} + K_i \tag{12.12}$$

$$\phi_{\text{out}} = C_{1o}\, e^{\sqrt{a_o}\,\hat{y}} + C_{2o}\, e^{-\sqrt{a_o}\,\hat{y}} + 1 \tag{12.13}$$

式 (12.13) を得るに当たって,$C_f u_o^2 = g h_o i_o$ となることを考慮している.

次に,境界条件である式 (12.7) を考慮して積分定数を定める.ここでは式の誘導の詳細を省略するが,線形の連立方程式を解いていくと,次のような解が得られることがわかる.

$$\begin{aligned}
C_{1i} &= \frac{\{1-(1-\beta_i)K_i\}(1+\beta_o^2) - \beta_i K_i(1-\beta_o^2)\sqrt{\frac{a_i}{a_o}}}{(1-\beta_i^2)(1+\beta_o^2) + (1+\beta_i^2)(1-\beta_o^2)\sqrt{\frac{a_i}{a_o}}} \\
C_{2i} &= -\beta_i^2\, C_{1i} - \beta_i\, K_i \\
C_{2o} &= \frac{1-\beta_i^2}{1-\beta_o^2} C_{1i} + \frac{(1-\beta_i)K_i - 1}{1-\beta_o^2} \\
C_{1o} &= -\beta_o^2 C_{2o}
\end{aligned} \tag{12.14}$$

ここに,$\beta_i = e^{\sqrt{a_i}\,\hat{y}^-}$,$\beta_o = e^{-\sqrt{a_o}\,\hat{y}^+}$ である.

最後に,この式 (12.12) から式 (12.14) に式 (12.8) の条件を代入して結果を図化してみる.なお,この条件は前出の池田・泉による Run 1 の実験に対

応するものである．ただし，実験時の植生がない側の壁面位置を計算上の水路中心軸上にとることにして比較を試みている．このような条件下では，β_i，β_o ともにほぼ 0 となるため，結果として積分定数 C_{1o} および C_{2i} も 0 と近似できる．得られた結果を**図 12.8** に示す．図中の実線が解析結果を，○印が池田・泉の実験結果をそれぞれ表しており，解析結果が妥当なものであることが理解されよう． ∎

参考文献

[1] 福岡捷二，浅野富夫ほか：涸沼川における洪水流れと河床変動の研究，土木研究所報告，第 180 号，35-128，1990．

[2] 福岡捷二，藤田光一：洪水流に及ぼす河道内樹木群の水理的影響，土木研究所報告，第 180 号，129-192，1990．

[3] 池田駿介・泉 典洋：浮遊砂の横断方向拡散係数について，土木学会論文集，No.434/II-16，47-55，1991．

[4] 清水義彦：種々の河床粗度形態を有する開水路流れの構造に関する研究，京都大学学位論文，1992．

[5] 北川 明・宇多高明・福岡捷二・竹本典道・服部 敦・浜口憲一郎：一関遊水地における越流小堤の耐侵食力に関する現地実験，水工学論文集，第 39 巻，489-494，1997．

[6] 藤田光一，Moody, J.A.，宇多高明，藤井政人：ウォッシュロードの堆積による高水敷の形成と川幅縮小，土木学会論文集論文集，No.551/II-37，47-62，1996．

第13章

河道の自律形成機能

13.1 概説

　河川は，それを取り巻く条件——すなわち，一年を通しての流量特性や河道を構成する材料ならびにその勾配などの条件——に応じてある安定な状態を目指して変化する機能を持っている．そして，この条件があまり大きく変わらないのであれば，河道もその安定な状態を維持し続ける．ところが，人間が河道改修を行ったり河川構造物をつくったり，これまで伐採していた植物をそのまま残すことにすれば，その河川がおかれている条件が変えられることになるため，異なる安定状態を目指して新たに変化を始めることになる．河川が本来有するこのような「水流の変化に適合して自らの姿を変化させていく機能」を河川の**自律形成機能**と呼ぶ．

　河川の安定な状態には二つ考えられる．**静的安定状態**と**動的安定状態**と呼ばれるものがそれである．前者の状態とは，土砂移動が一切ないために河道の変動が生じない状態を指す．一方，後者は，土砂移動は生じているものの，第11章で説明した土砂の連続式が満足されているために変動が生じない状態を指す．いずれの場合も安定であることに変わりはないが，年に数回程度の洪水を受ける実河川において，前者を問題にする意義を見出すことは容易ではない．そこで，本書で河道の安定という場合には後者を指すものと考えてよい．

本章では，河道が安定な状態に至るプロセスについて力学的に考えていくことにする．河道の局所的な変化については，第 11 章で説明した土砂の体積保存の関係から説明することが可能である．しかし，もう少し大きな空間的スケールで河道の変動過程を捉えるならば，河道の平面形状における大規模な変化を引き起こす**河岸浸食**とそれに伴う**拡幅**のプロセスと，微細土砂の堆積に伴う**縮幅**のプロセスとに，その素過程を分けて考えることができる．

本章では，わが国の実河川において長年にわたって行われてきた調査結果を紹介し，河道の自律形成機能にかかわる実態について説明することから始める．次に，河道の拡幅と縮幅の二つのプロセスについて，これを力学的に解説することを目指す．さらに，この機能を生かした自然復元の試みが始まっており，これについてもその概要を紹介する．

13.2 人工改変後の河道の応答性

本節では，人工改変後の河道の応答性について考える．ここで，人工改変とは，ある区間にわたる河道改修によって河道の幅をそれまでのものより広いものにする (「河道拡幅」)，あるいは狭いものにする (「河道縮幅」) ことを指している．いま，改修区間の上下流側の河道には何ら変化が与えられないものとして，改変後の河道の変化に注目して調査結果を見ていくことにしよう．

山本 [1] は，長年にわたってわが国の河川を見続けてきた豊富な経験から，その河道特性について論じている．その中に，低水路川幅改変後の河道の応答性についての興味深い調査結果が示されている．その結果を整理すると**表 13.1** のようになる．ここには，改変後 20〜30 年程度の年月を経過した時点でのデータが示されている．ただし，**表 13.1** 中の * を付した数値は図より著者が読みとった値を，(?) を付した数値は山本による推定値を，それぞれ表している．また，改修前の旧河道については，各々の流量特性・勾配・粒度などの条件に見あった安定な状態にあったと判断される．このような点に留意して，**表 13.1** を見ていくことにしよう．

これらは現地データであるため，**表 13.1** 中には現れないいくつかの条件が複雑に絡み合っている．そこで，この結果だけから簡単にある結論を導く

表 13.1　低水路川幅改変後の河道の応答 [1]

河川名	利根川	川内川	雄物川	石狩川	石狩川	肝属川
区間 (km)	33 km 付近	67–68 km	丸子川	108–110 km	92–105 km	6–10.5 km
平均年最大流量 (m³/s)	2,500	525	1,444 → 165	1,488	2,556	360
旧河道状況						
川幅 (m)	244	40	130	130	195	44
勾配		1/2,720	1/1,880	1/1,630	1/2,410	1/1,400
摩擦速度 (cm/s)	8.4	15.0	15.7	17.0	15.0	11.6
代表粒径 (mm)	0.3	17.0	14.0	15-20*	15-20*	0.85(?)
改変直後						
川幅 (m)	450	90	30	70	-	-
勾配	-	1/2,400	1/1,880	1/1,300	-	1/2,460
摩擦速度 (cm/s)	5.5	12.0	7.6	22.5(?)	20.0*	50.0*
現河道状況						
川幅 (m)	460	50	45	165	229	60
勾配	-	1/2,400	1/1,200	1/1,300	1/1,500	1/2,450
摩擦速度 (cm/s)	5.9	14.5	12.8	15.1	16.5	12.2
代表粒径 (mm)	0.15-0.2	18*	13*	15-20	15-20	0.85
経過年数	18	17	20	22	30	15

ことは容易でないが，少なくとも次のようなことを見てとることができよう．

(1) 利根川のデータは，「人工的拡幅」を与えた後の変化を見ていることになるが，244 (m) → 450 (m) → 460 (m) と大幅な拡幅であったために，18 年を経ても元の状態には戻っていない．しかし，摩擦速度を見ると 8.4 (cm/s) → 5.5 (cm/s) → 5.9 (cm/s) とわずかながら元の値に回帰する結果となっている．

(2) 川内川のデータは，「人工的拡幅」にあたる低水路改変工事の影響を調べたものであるが，その後の 17 年間で川幅は 40 (m) → 90 (m) → 50 (m) のように変化し，元の状態に回帰したと考えることができる．

(3) 雄物川のデータは「人工的縮幅」の結果と見ることができるが，川幅は 130 (m) → 30 (m) → 45 (m) と大幅な縮幅を行ったため，緩やかに拡幅が進んでいるものの，20 年経ったいまも元の状態に戻ってはいない．しかし，摩擦速度を見ると 15.7 (cm/s) → 7.6 (cm/s) → 12.8 (cm/s) とかなりのところまで回復していることがわかる．

(4) 石狩川 108–110 (km) のデータは，同じく「人工的縮幅」を与えた場合の

ものである.この場合には,130 (m) → 70 (m) → 165 (m) と変化し,22年間にほぼ元の姿に戻っていることがわかる.

(5) 残り二つのデータについては改変直後のデータが不十分であるために,判断を下すことは難しいが,摩擦速度がそれぞれ 15.0 (cm/s) → 20.0 (cm/s) → 16.5 (cm/s),11.6 (cm/s) → 50.0 (cm/s) → 12.2 (cm/s) と推移しており,また川幅に関しても改変前と現状とで大きな隔たりがないため,それぞれの時間を経てほぼ改修前の状態に戻ったということができよう.

以上の変動過程に関する解析結果から,次のような結論を導出することができる.

- 河道は,人為的な改変を加えても元の安定な状態へと回帰する機能を持っている.
- しかし,改変の規模が大き過ぎる場合,あるいは川幅の変化に加えて河床材料の粒度分布などの他の要因も同時に変えてしまう複合的な改変を加えた場合には,元の状態に戻るのに極めて長い年月を要したり,あるいは新たな別の安定な状態を目指して変化していく可能性がある.

ここでは,河道の自律形成機能を理解する一助として,実河川において行われた現地調査の結果を示し,その説明を加えた.このようなプロセスの背後にあるメカニズムについては次の 13.3 節で詳しく見ていくことにする.なお,現在指向されている「自然豊かな河川空間」の創造のためには,このような機能に関する力学的理解が必要であり,これを生かした河川整備が望まれる.

13.3 河道の拡幅ならびに縮幅の過程

13.3.1 河道拡幅過程

水流の作用により河道の側岸が浸食を受けると,その川幅が広がっていくことになる.このプロセスのことを**河道の拡幅過程**と呼ぶ.この側岸の浸食は言うまでもなく,これまで説明してきた土砂収支の局所的なバランスが崩れることによって生じる.一例として,一定勾配で傾いた直線流路の拡幅過

13.3. 河道の拡幅ならびに縮幅の過程

程について考えることにしよう．ここでは，通水開始前の流路の横断面形状を台形に設定し，その形状が流れ方向に変わらないものとする．この流路における流れ・土砂移動ならびに流路の断面形状の変化に注目すると，十分に長い区間にわたって同一の横断面形状を有する流路が伸びている場合には，その流路の形状が一様に変化していく「平衡状態」が存在する．固定床流れで見ればいわゆる等流の状態がこれに相当する．ここでは，このような平衡状態における流路の拡幅過程について考える．**図 13.1** には，実験ならびに数値解析の結果を示してある [2]．実験は福岡・山坂 [3] によってなされたものであり，数値解析は同一条件下で関根によって行われた．**図 13.1(a)** および **(b)** が流路横断面形状の時間変化を調べた結果であり，時間の経過とともに拡幅が進み，約 2 時間後には「定常状態」に達してもはや変化が生じなくなっている．ここで想定した場においては縦断方向の流砂量 q_{Bx} の流れ方向変化 $\partial q_{Bx}/\partial x$ が 0 であるために，断面形状の変化の原因は横断方向流砂量 q_{By} が横断方向 (すなわち y 軸方向) にバランスがとれていないことにあるといえる．ただし，このような流砂の不均一性に伴う河床変動と連動して，結果として生み出された水際付近の斜面が土砂の水中安息角を超えるくらい急なものになると，その斜面は維持し切れなくなり，いわゆる「斜面崩落」が引き起こされる．その結果，水際付近の流路勾配はほぼ安息角を維持しつつ側方へと変位することになり，流路の拡幅が進行していく．この斜面崩落については第 11 章で説明したとおりである．

次に，最終的に到達した平衡状態について見ておく．**図 13.1(c)** には無次元掃流力の無次元限界掃流力に対する比 $\tau^\star/\tau_c^\star$ の時空間的変化を示してある．また，**図 13.1(d)** には，横断方向流砂量の無次元量 $q_{By}^\star$ を，掃流力の断面内平均値に対して算定される縦断方向流砂量の無次元量 $q_{Bxo}^\star$ で除した値 $q_{By}^\star/q_{Bxo}^\star$ の時空間的変化を示してある．流路の横断方向勾配 $\tan \omega^1$ が土砂の水中安息角 ϕ に比べてあまり大きくならない範囲内では，横断方向流砂量 $q_{By}^\star$ は，縦断方向流砂量 $q_{Bx}^\star$ との関係で次のように書き表される（式 (7.33) 参照）．

---

[1] 下り勾配を ω の正の方向とする．

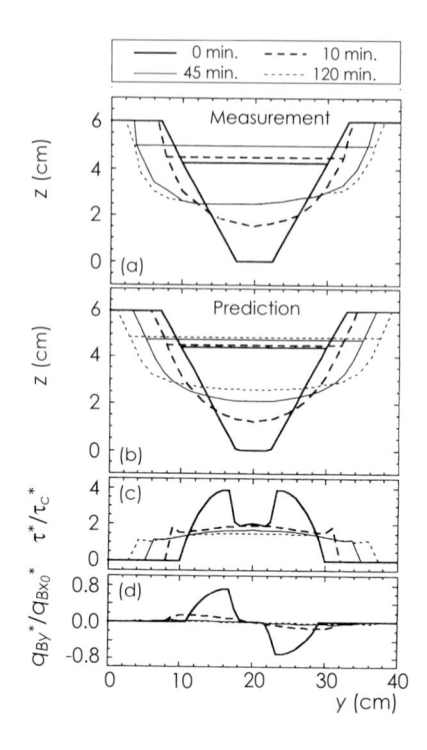

図 13.1　河道の拡幅過程解析 [2]

$$\frac{q^\star_{By}}{q^\star_{Bx}} = \frac{v_b}{u_b} + \frac{1}{\sqrt{\mu_d \mu_s}} \sqrt{\frac{\tau^\star_{co}}{\tau^\star}} \tan\omega$$

ここに，(u_b, v_b) は河床面近傍における流速ベクトルの流下方向ならびに横断方向成分をそれぞれ表し，直線水路を対象とした図 13.1 の例の場合には $v_b = 0$ となる．そこで，横断方向勾配 ω が 0 であるか，その位置における縦断方向流砂量 $q^\star_{Bx}$ が 0 であれば，$q^\star_{By}$ は 0 となる．このことを念頭において図 13.1(c)，(d) を見ると，次のことを確認することができる．

(1) 流路中央部では，$\tau^\star/\tau^\star_c > 1$ となり，縦断方向には土砂移動があるものの横断方向勾配 ω が 0 であるため，$q^\star_{By} = 0$ となる．

(2) 流路側岸部では，ω は 0 ではないものの $\tau^\star/\tau^\star_c \leq 1$ であるために縦断方

向流砂量が 0 となり，結果として $q_{By}^{\star} = 0$ となる．

このように「平衡状態」においては，縦断方向に土砂移動はあるものの横断方向流砂量が 0 となるため，その横断面形状が変化することはない．これが前述の「動的平衡状態」あるいは「動的安定状態」である．

13.3.2　河道縮幅過程

　川幅が縮小していくプロセスについては，そのメカニズムが前節で説明した拡幅過程におけるものほど単純でないために，力学的に疑問の余地なく解明されているわけではない．本節では，現地観測されたデータを示しつつ，このプロセスの最も確からしいシナリオについて解説する．

　図 13.2 には，藤田ら [4] によりまとめられた米国 Powder(パウダー) 川における観測結果を示す．Powder 川では，1978 年に非常に大きな洪水があり，その際に各所で河岸浸食が生じたが，その後 15 年間ほどの期間にその右岸側に新たな高水敷が形成された．この**図 13.2** の左側には，着目した二つの観測断面 (断面 PR120 および PR156A) における横断面形状の時間変化を示してある．この図より，右岸側にテラス状の地形がゆっくりと形成され，それに伴いその左側に広がる低水路流れの水面幅も徐々に小さくなっていく様子を見てとることができる．また，同図右側には 1981～1982 年の 2 年間にわたる水位データを整理した結果を示している．ここには，横断面形状に対応した位置に水面が出現した日数の頻度分布が棒グラフで示されており，これと 1980 年および 1982 年の横断面形状とを比較しながら考察すると，この期間に新たに形成された堆積地形は水位の大きな出水時に形成されたことがわかる．また，現地調査の結果から，新たに生じたテラス部分には，微細砂やシルト・粘土が堆積していたこと，ならびに，この部分に植生が密に繁茂していたこと，などが報告されている．なお，粒径の極めて小さなこのような土砂は河床にはほとんど存在せず，上流からウォッシュロードとして輸送されてきたものではないかと考えられている．このような情報に加えていくつかの実験的事実を考慮に入れると，この Powder 川で生じた川幅縮小は，次のようなプロセスを経て形成されたのではないかと推察される．すなわち，

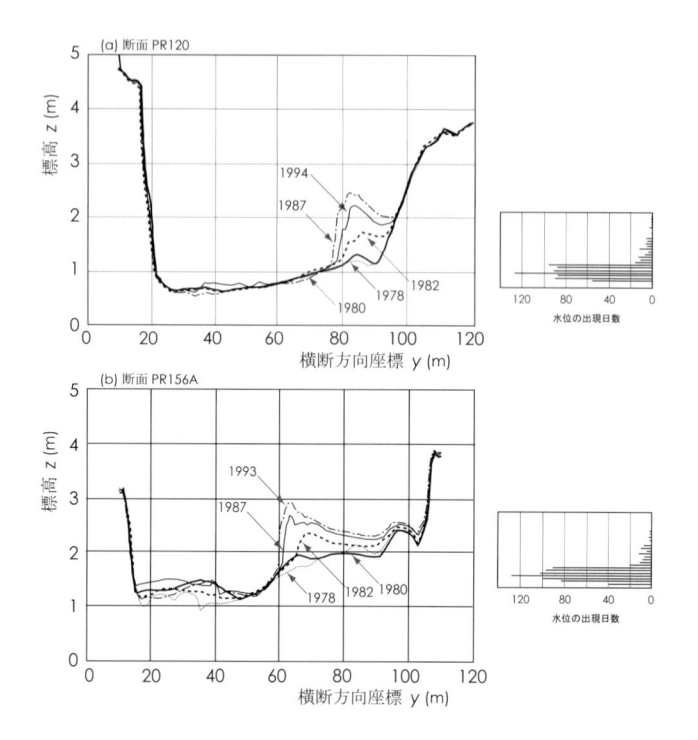

図 13.2 Powder 川における川幅縮小過程 [4]

図の右側の棒グラフは 1981〜1982 年の 2 年間の水位の出現日数の頻度分布を表す．

(1) 洪水の減水期にウォッシュロードとして輸送されてきた微細土砂が水際付近にとり残され，堆積地形を形成する．
(2) 堆積した土砂に微量ではあっても粘土が含まれるならば，たとえ次の出水時に浸食を受けても，そのすべてが運び去られるわけではない．
(3) 春を迎え，そこに着床した種が成長を遂げると，その植生は次の洪水の季節までに群落を形成するほどに生育する．第 12 章で説明したように植生は微細土砂の捕捉能力が高いため，その成長に伴ってさらに多くの微細土砂の堆積を促進し，やがてはテラス状の地形を成長させる．
(4) 図 13.2 の右側に示された冠水頻度のデータから判断して，堆積地形はその期間の最大洪水位程度までは成長する可能性がある．しかし，この

ような規模を越えて地形が成長することはない．

　以上がPowder川において観測された川幅縮小のプロセスを説明するシナリオである．このような川幅縮小のプロセスは前出の図12.6(a)の場合に相当し，わが国の川内川でも同様のことが確かめられている．一方，藤田によれば，図12.6(b)のような川幅縮小パターンも考えられるとされる．すなわち，低水路の一部が河床低下を起こした場合には，これによりとり残された部分に微細土砂の堆積が生じ，その後に植生が繁茂するようになる．こうして，新たに堆積を起こした部分が高水敷へと発達を遂げるならば，結果として低水路の川幅が縮小することになる．

　今後はさらなる力学的な検討と定量的な評価がなされることで，このようなメカニズムがさらに解き明かされていくものと考える．

13.4　河道の蛇行復元の試み

　最近になって，かつて直線化した河道を元のような蛇行したものへと戻していく試みが始まっている．これは，元々蛇行していた河道を直線化することによって単調になってしまった河川環境を多様なものへと復元することを目指したものといえよう．この復元に当たっては，最低限の人の手を入れるものの，それ以外は河道自身の持つ自律形成機能に任せることが望ましい．ここでは，蛇行復元のために実河川で試験的に行われている事例について紹介する．図13.3に示しているのは北海道標津川の写真である．図13.3(a)の左下側方から右上に伸びているほぼ直線の河道が復元前のものである．図の下方に当たる右岸側に三日月湖を見てとることができ，元々は蛇行河川であったものを直線化した河道であるといえる．このうち下流側に残された三日月湖（写真の円内）に関して，これと直線状の河道との間を掘削してつなぐことで，三日月湖を河川蛇行部として復元しようというのがこの試みである．図13.3(b)には，復元後の蛇行部を中心とした河道区間の状況を上流から撮影した写真を示している．復元後の河道には，直線河道と蛇行河道の二つのルートがあるものの，そのままでは蛇行部に顕著な流れを再生することは難しい．そこで，図13.3(b)の左中程に記した位置に透過型の堰上げ施設を設

図 13.3 標津川の蛇行復元 (国土交通省北海道開発局釧路開発建設部より提供)
(a) 復元前, (b) 復元後

置し，直線河道の疎通能力を下げている．これにより，相対的に水位の低い平水時には蛇行部への流れが支配的で，これにより河道の自己再生を促すことができる．一方，この施設の高さを越える水位となる洪水時には，直線河

道にも流れが生じるように配慮されている．この意味で，現況の河道を"two way"の河道ということができる．この図 13.3(b) に示した写真は，新河道を開削後ある程度の規模の洪水を経てから撮影された平水時におけるものである．開削当初は人工的な河道平面形状であったが，ある程度の時間を経て自然河道の様相をとり戻しつつある．また，堰上げ施設の下流側には土砂の堆積が進んでおり，一部陸地化しつつあるように見受けられる．この復元に当たっては，河道の変動に加えて，水質，地下水，植生，魚類などに関する総合的なモニタリングが続けられており，大規模な自然復元の先進事例として今後さらなる貴重な知見が得られるものと期待される．

参考文献

[1] 山本晃一:「沖積地河川学」, 山海堂, 1994.
[2] 関根正人：側岸浸食機構を考慮した河川の流路変動に関する基礎的研究, 土木学会論文集, No.533/II-34, 52-59, 1996.2.
[3] 福岡捷二, 山坂昌成：なめらかな横断面形状をもつ直線流路のせん断力分布と拡幅過程の解析, 土木学会論文集, 第 351 巻, 87-96, 1984.
[4] 藤田光一, Moody, J.A., 宇多高明, 藤井政人：ウォッシュロードの堆積による高水敷の形成と川幅縮小, 土木学会論文集, No.551/II-37, 47-62, 1996.

参考書籍

本書の執筆に当たり，以下の関連する書籍を参考にした．

吉川秀夫 編著：『流砂の水理学』，丸善，1985．

中川博次・辻本哲郎 著：『移動床流れの水理』，技報堂，1986．

河村三郎 著：『土砂水理学 1』，森北出版，1982．

山本晃一 著：『沖積河川学』，山海堂，1994．

Iehisa Nezu and Hiroji Nakagawa: Turbulence in Open-Channel Flows, IAHR Monograph Series, A. A BALKEMA 1993.

索　引

英先頭

Egiazoroff (エギアザロフ) の式, 92
Kinematic wave 近似, 16
Leibnitz' Rule (ライプニッツの法則), 5
Navier-Stokes Eq.
　(ナビエ・ストークス) 方程式, 1
Pick-up rate, 100
Reynolds Eq. (レイノルズ) 方程式, 2
Rouse (ラウス) の浮遊砂濃度分布, 123
Shields (シールズ) 数, 80
sine-generated curve, 39
Step length, 99
Stokes (ストークス) の法則, 68
Ψ スケール
　(sedimentological phi scale), 64

あ

アスペクト比 (aspect ratio), 55
安息角 (angle of repose), 66
一様湾曲流路
　(uniformly-curved bend), 38
移動床 (movable bed), iii
移流拡散方程式
　(convection-diffusion equation), 118
ウォッシュロード (wash load), 98, 116
運動学的境界条件
　(kinematic boundary condition), 6

横断方向掃流砂量式
　(transverse bedload function), 110

か

河岸浸食 (bank erosion), 163
拡散波 (diffusion wave) 近似, 18
河床形態 (bedform), 151
河道の拡散過程 (widening process), 200
——縮幅過程 (narrowing process), 203
——自律形成機能
　(function of self-formed channel), 197
基準点高さ (reference level), 124
——濃度
　(reference concentration), 124
曲率 (curvature), 33
曲率半径 (radius of curvature), 33
均一粒径砂 (fully-sorted sediment), 63
空隙率 (porosity), 65
形状抵抗 (form drag), 150
限界掃流力 (critical tractive force), 80
交換層 (exchange layer), 160
交互砂州 (alternate bar), 151
抗力 (drag), 67
固定床 (fixed bed), iii
混合粒径砂
　(poorly-sorted sediment), 63

さ

最終沈降速度
　　(terminal settling velocity), 72
砂堆 (dune), 150, 184
砂漣 (ripple), 150
質点系の運動方程式
　　(equation of motion), 71
斜面崩落モデル
　　(slope collapse model), 165
主流 (primary flow), 32
シールズ図表 (Shields diagram), 84
静的安定状態
　　(static stable condition), 197
摂動展開法 (perturbation method), 13
浅水流方程式
　　(shallow water equation), 8
掃流砂 (bed load), 97
掃流力 (tractive force), 80
掃流砂量関数 (bed load function), 105

た

体積濃度
　　(volumetric concentration), 115
蛇行流路 (meandering channel), 148
ダム堆砂
　　(reservoir sedimentation), 168
貯留層 (substrate), 160
抵抗則 (resistance law), 23, 52
動的安定状態
　　(dynamic stable condition), 197
土砂の分級 (ふるい分け)
　　(sediment sorting), 93, 174
——連続式 (Exner's equation), 157

な

二次流 (secondary flow), 32
粘着性土 (cohesive sediment), 135
——の浸食速度
　　(cohesive erosion rate), 138

は

バースティング (Bursting) 現象, 61
反砂堆 (antidune), 150
表層 (surface layer), 160
表面抵抗 (skin friction), 150
付加質量 (added mass), 70
複列砂州 (double row bars), 150
浮遊砂
　　(suspended load, suspension), 97
フラックス (flux), 116
浮力 (buoyancy), 67

ま

乱れ強度 (turbulent intensity), 55, 58
網状流路 (braided channel), 149, 177

や

揚力 (lift), 69

ら

乱流拡散係数
　　(turbulent diffusion coefficient), 3, 59
——構造 (turbulent structure), 53
粒径加積曲線
　　(grain size distribution curve), 64
流砂 (sediment transport), 66
流体力 (hydrodynamic force), 66
レイノルズ応力 (Ryenolds stress), 51

著者紹介

関根　正人
せき　ね　まさ　と

1959 年 12 月	埼玉県生まれ
1988 年 3 月	早稲田大学大学院理工学研究科博士課程修了，工学博士
1986 年 4 月	早稲田大学理工学部土木工学科助手
1988 年 10 月	University of Minnesota, St. Anthony Falls Hydraulic Laboratory, Postdoctoral Research Fellow
1991 年 10 月	科学技術庁科学技術特別研究員，建設省土木研究所特別研究員
1992 年 4 月	早稲田大学理工学部土木工学科専任講師
1994 年 4 月	早稲田大学理工学部土木工学科助教授
2000 年 4 月	早稲田大学理工学部土木工学科教授
2003 年 4 月	早稲田大学理工学部社会環境工学科教授（学科名称変更に伴う）
2007 年 4 月	早稲田大学理工学術院教授 創造理工学部社会環境工学科／大学院創造理工学研究科建設工学専攻（学内組織再編に伴う，現在に至る）
2004 年 3 月	土木学会水工学論文賞を受賞

移動床流れの水理学	著　者　関根正人 ⓒ2005
	発行者　南條光章
2005 年 2 月 5 日　初版 1 刷発行	
2022 年 3 月 1 日　初版 7 刷発行	発行所　共立出版株式会社
	東京都文京区小日向 4 丁目 6 番 19 号
	電話　東京 03-3947-2511 (代表)
	郵便番号 112-0006
	振替口座 00110-2-57035
	URL www.kyoritsu-pub.co.jp
	印　刷　加藤文明社
	製　本　ブロケード

検印廃止
NDC 517.1
ISBN 978-4-320-07416-3

NSPA 一般社団法人 自然科学書協会 会員

Printed in Japan

JCOPY ＜出版者著作権管理機構委託出版物＞
本書の無断複製は著作権法上での例外を除き禁じられています．複製される場合は，そのつど事前に，出版者著作権管理機構（TEL：03-5244-5088，FAX：03-5244-5089，e-mail：info@jcopy.or.jp）の許諾を得てください．